ZEITSCHRIFT FÜR ANGEWANDTE GEOLOGIE

HERAUSGEGEBEN VOM
ZENTRALEN GEOLOGISCHEN INSTITUT
IM AUFTRAG DES
STAATSSEKRETARIATS FÜR GEOLOGIE

AUS DEM INHALT

AKADEMIE-VERLAG · BERLIN

BAND 17/HEFT 5
MAI 1971
SEITE 161–208

Die ZEITSCHRIFT FÜR ANGEWANDTE GEOLOGIE berichtet ständig über folgende Arbeitsgebiete: Geologische Grundlagenforschung und Lagerstättenforschung / Methodik der geologischen Erkundung / Ökonomie und Planung der geologischen Erkundung / Technik der geologischen Erkundung / Geologie und Lagerstättenkunde im Ausland. In der Zeitschrift können alle strittigen Fragen der praktischen Geologie behandelt werden. Die Autoren übernehmen für ihre Aufsätze die übliche Verantwortung.

ZEITSCHRIFT FÜR ANGEWANDTE GEOLOGIE

Träger der Ehrennadel in Gold der Gesellschaft für Deutsch-Sowjetische Freundschaft

KOLLEKTIVE CHEFREDAKTION

Dr. K. KAUTER (Redaktionssekretär)
Prof. Dr. F. STAMMBERGER
Dr. habil. G. TISCHENDORF

BAND 17 · MAI 1971 · HEFT 5

(Aus FRANS MASEREEL, Holzschnittfolgen)

1. Mai, Kampftag der arbeitenden Menschen der ganzen Welt, Ausdruck des Kampfes der Arbeiterklasse in den noch kapitalistischen Staaten, Wahrzeichen des Sieges in den Ländern des Sozialismus!

Den Arbeitern, Ingenieuren und Wissenschaftlern unseres Industriezweiges zum 1. Mai 1971 ein herzliches

Glück auf!

Die Bedeutung des MgO/CaO-Verhältnisses bei der Grundwassererschließung

BERNHARD KLOSE, Berlin

(Mitteilung aus dem Institut für Wasserwirtschaft, Berlin)

1. Einleitung

Mit der fortschreitenden Erkundungstätigkeit im norddeutschen Lockergesteinsbereich werden zunehmend Versalzungsgebiete in pleistozänen Ablagerungen erschlossen, die geogenen Ursprungs sind und einer Nutzung als Trinkwasser entgegenstehen. Mit den gegenwärtigen Aufbereitungsmethoden kann keine ökonomisch vertretbare Reduzierung des Chloridgehalts (primärer Träger der Versalzung) vorgenommen werden.

Die Tatsache der Versalzungserscheinungen in Bereichen, aus denen z. Z. hauptsächlich die Wasserentnahme erfolgt, wirft die Frage auf, ob und inwieweit die durch Erkundungsarbeiten nachgewiesenen Fassungsstandorte zur Grundwasserentnahme durch mögliche tiefer liegende Versalzungszonen beeinflußt werden. Häufig war erst nach längerer Entnahme eine Beeinflussung festzustellen. Andererseits kann manchmal trotz Vorhandenseins einer Versalzungszone in einem Grundwasserleiter, der sich unterhalb des Grundwasserleiters befindet, aus dem die Entnahme erfolgt, keine geogene Beeinflussung des Entnahmebereichs festgestellt werden.

Es ist deshalb von großem Interesse und allgemeiner Bedeutung, Kriterien zu finden, die eine mögliche geogene Beeinflussung frühzeitig anzeigen. Mit dem Nachweis solcher Kriterien können rechtzeitig gezielte Abwehrmaßnahmen gegen eine eventuelle Versalzungsgefahr in die Wege geleitet werden. Dabei ist neben der Kenntnis der geohydrochemischen Zusammensetzung des Grundwassers zur Ermittlung von geogenen Immigrationen die Klärung der geologischen, hydrogeologischen und hydraulischen Bedingungen im jeweils betrachteten Gebiet die wichtigste Voraussetzung.

Als ein Kriterium, das eine tiefer liegende Versalzungszone mit der Tendenz einer Beeinflussung des oberflächennahen Raums anzeigt, wurde erstmalig von SCHLINKER (1967) das MgO/CaO-Verhältnis untersucht. Er benutzte es erfolgreich bei der Klärung und Vorhersage von flächenhaft auftretenden geogenen Immigrationen im Großeinzugsgebiet Küste—Warnow—Peene.

Dabei konnten die von SCHLINKER (1967) in Mecklenburg gewonnenen Ergebnisse und Feststellungen bestätigt und untermauert werden. Sie sind für den norddeutschen Lockergesteinsbereich charakteristisch und sollten wegen ihrer eminenten Bedeutung für die Wasserwirtschaft, die gegen die Folgen von nichterkannten Versalzungserscheinungen zu kämpfen hat, bei der regionalen Erkundungstätigkeit zur Grundwassererschließung berücksichtigt werden.

2. Herausbildung des MgO/CaO-Verhältnisses unter natürlichen Bedingungen

Entsprechend der Anzahl der natürlichen Wässer, die ihre chemische Zusammensetzung durch die Reaktionen, die das Wasser mit Festkörpern, Gasen und Flüssigkeiten eingeht, erhalten, bilden sich in den jeweiligen Wässern unterschiedliche charakteristische MgO/CaO-Verhältnisse. So werden sich auf dem Festland andere MgO/CaO-Verhältnisse einstellen als im Ozean (Tab. 1). Hier kommt bereits der grundlegende Unterschied in der Größenordnung des MgO/CaO-Verhältnisses dieser beiden Bereiche zum Ausdruck. Im Küstengebiet läßt sich auf dieser Basis ein möglicher mariner Einfluß im Süßwasserbereich des Festlands nachweisen.

Eingang des Manuskripts in der Redaktion: 30. 7. 1970.

Tab. 1. Durchschnittliche Gehalte an Kalzium und Magnesium in der festen Erdkruste und im Ozean (ppm)

	Ca	Mg	MgO/CaO
Festland[1])	41500	23300	0,66
Ozean[2])	400	1272	3,77

[1]) Nach TAYLOR (1964).
[2]) Nach RANKAMA & SAHAMA (1955).
Aus RÖSLER/LANGE „Geochemische Tabellen".

Das hohe MgO/CaO-Verhältnis im Meerwasser, das wie alle anderen chemischen Stoffe im Ozean eine erstaunliche Konstanz aufweist, wird dadurch erklärt (HEM 1959), daß Magnesium leichter löslich ist als Kalzium und dazu tendiert, länger in Lösung zu bleiben als dieses. Des weiteren wird von den tonigen Sedimenten im Meerwasser mehr Kalzium als Magnesium adsorbiert (Tab. 2).

Tab. 2. Adsorption von Ca^{++} und Mg^{++} an tonige Bestandteile im Meerwasser
(Nach DIETRICH & KALLE (1957) aus „Geochemische Tabellen")

	Von den bei der Verwitterung in Lösung gegangenen Ca^{++}- und Mg^{++}-Ionen	
	sind in Meerwasser in Lösung (%)	werden dem Meerwasser durch Adsorption entzogen (%)
Ca^{++}	1,97	98,03
Mg^{++}	10,5	89,5

Tab. 3. Beispiele für durchschnittliche MgO- und CaO-Gehalte von Magmatiten und Sedimentiten
(Nach TUREKIAN & WEDEPOHL (1961) aus „Geochemische Tabellen") (ppm)

Gestein	MgO	CaO	MgO/CaO
Granit und Granodiorit	15600	35400	0,44
Basalt	76300	106300	0,72
Sandstein	11600	54700	0,21
Kalkstein	78000	422900	0,18
Tonstein	35000	40600	0,86

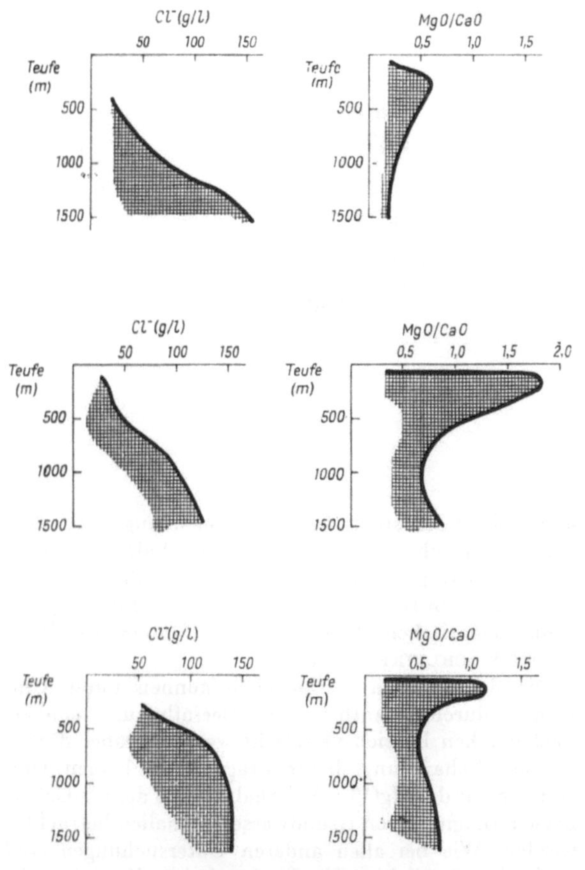

Einzugsgebiet Jeetze

Abb. 1. Schematische Darstellung des Cl^--Gehaltes und des MgO/CaO-Verhältnisses in Abhängigkeit von der Teufe für verschiedene Gebiete im Nordteil der DDR

Eine Differenzierung des MgO/CaO-Verhältnisses auf dem Festland in Magmatiten und Sedimentiten (Tab. 3) läßt erkennen, daß in Grundwässern aus Sedimentgesteinen mit sehr niedrigen Werten zu rechnen ist. Diese grob skizzierten Verhältnisse geben die generelle Situation wieder, können aber nicht die lokal auftretenden Anomalien erklären.

Aus den unterschiedlichen Gehalten an Magnesium und Kalzium in den Gesteinen (Tab. 3) geht hervor, daß der geologische Bau mit seiner diffizilen petrologischen Zusammensetzung die entscheidende Voraussetzung für die Ausbildung des MgO/CaO-Verhältnisses im Grundwasser eines bestimmten Gebiets darstellt. In Tab. 4 sind einige für den norddeutschen Lockergesteinsbereich markante Beispiele der Änderung des MgO/CaO-Verhältnisses mit den geologischen Schichten angeführt. Diese Beispiele können sicher nicht als repräsentativ für die entsprechenden Abteilungen bzw. Stufen angesehen werden, da sämtliche Einflußfaktoren (u. a. Redoxpotential, pH-Wert-Abhängigkeiten, Reaktionsvorgänge), die zur Herausbildung vorliegender Verhältnisse führten, noch nicht in allen Einzelheiten erfaßbar sind. Außerdem lassen Einzelanalysen nicht eine solche Sicherheit in der Aussage zu wie Analysenreihen. Trotzdem zeigt sich sehr deutlich die Differenzierung des MgO/CaO-Verhältnisses zwischen dem pleistozänen und neogenen Lockergesteinsbereich gegenüber den tiefer liegenden Schichtkomplexen. Dieser Umstand rechtfertigt das Verfahren, daß das MgO/CaO-Verhältnis neben dem eine Aufbereitung beeinflussenden Chloridgehalt als Kriterium für eine Versalzung im oberflächennahen Bereich herangezogen wird.

3. MgO/CaO-Verhältnis und Halinität

Im vorangegangenen Abschnitt wurde gezeigt, daß im norddeutschen Lockergesteinsbereich zwischen unbeeinflußten Wässern aus verschiedenen geologischen Horizonten signifikante Unterschiede im MgO/CaO-Verhältnis existieren. Gesamtmineralisation und Chloridgehalte weisen ebenfalls die bekannten signifikanten Unterschiede zwischen Süß- und Salzwasser auf. Im Vergleich zum MgO/CaO-Verhältnis sind jedoch einige Besonderheiten zu beobachten.

In der Differenzierung von Gesamtmineralisation, Chloridgehalt und MgO/CaO-Verhältnis zwischen den sogenannten Tiefen- oder Salzwässern (Schlinker 1967, Müller 1969, Klose 1971) zum Süßwasser bewirken sie, daß im Süßwasser eine geogene Beeinflussung wahrgenommen werden kann, ohne daß bereits eine kritische Cl^--Anreicherung zu erkennen ist, die bei einer Entnahme möglicherweise durch Druckentlastung erfolgt. Schlinker (1967) hat erstmalig für das Großeinzugsgebiet Küste—Warnow—Peene eine Untersuchung der geogenen Beeinflussung mittels des MgO/CaO-Verhältnisses vorgenommen. Er konnte die Ergebnisse erfolgreich bei der Vorhersage von Versalzungserscheinungen bei der späteren Entahme anwenden.

Grundlage für diese Betrachtungen bilden die in Abb. 1 für verschiedene Gebiete im norddeutschen Tiefland dargestellten Situationen. Ein deutliches Ansteigen des MgO/CaO-Verhältnisses in 100—300 m Teufe, seine anschließende Abnahme und das langsame Wiederansteigen ab ca. 1000 m (EG Mittlere Havel) gegenüber einer mehr oder weniger kontinuierlichen Zunahme des Cl^--Gehalts mit der Teufe zeigt das Vorauseilen des MgO/CaO-Verhältnisses mit der Teufe gegenüber der Chloridzunahme.

Die Erhöhung des MgO/CaO-Verhältnisses im Übergangsbereich Salz-/Süßwasser kann durch Mischungsvorgänge zwischen Süß- und Salzwasser, Ionenaus-

Tab. 4. Typische MgO/CaO-Verhältnisse von Grundwasser aus geologischen Horizonten im Nordteil der DDR

Gebiet	System/Stufe	MgO/CaO
Brandenburg	Quartär–Neogen	0,01–0,15
Brandenburg	Mitteloligozän	0,30–1,20
SW-Mecklenburg	Oberkreide	0,17*)
Brandenburg	Wealden	0,30–0,80
SW-Mecklenburg	Oxford	0,44*)
Brandenburg	Bathon	0,30–0,50
Brandenburg	Aalen	0,50–0,65
Brandenburg	Domer	0,20–1,80
Brandenburg	Lotharing	0,50–0,60
Brandenburg	Hettang	0,25–4,50
Brandenburg	Rät	0,30–0,50
NW-Mecklenburg	Buntsandstein	0,14*)
NE-Mecklenburg	Plattendolomit	1,30–4,00*)
S-Brandenburg	Hauptdolomit	4,50*)
NE-Mecklenburg	Rotliegendes	0,02*)

*) Werte berechnet nach Angaben von Müller (1965) in „Geochemische Tabellen".

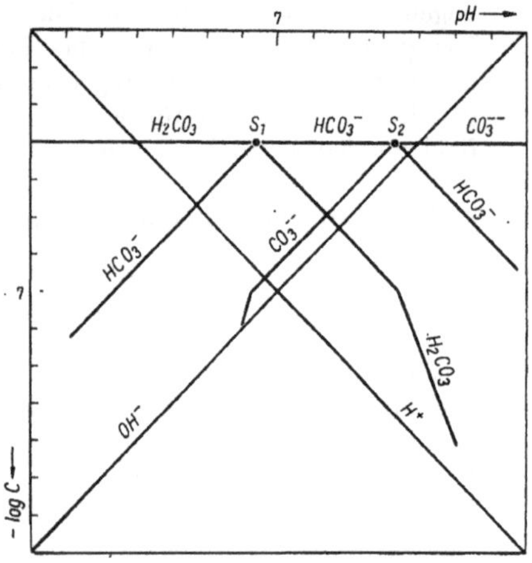

$H_2CO_3 \rightleftharpoons HCO_3^- + H^+$

$HCO_3^- \rightleftharpoons CO_3^{--} + H^+$

in „S" (Systempunkte) ist $pH = pK$

$pK_1 = 6{,}3$

$pK_2 = 10{,}3$

Abb. 2. Ionendiagramm für Kohlensäure (nach BAUER 1969)

tauschvorgänge und Ablaugung von Salzdiapiren (Subrosion) hervorgerufen werden. Bei Mischungsvorgängen zwischen Salz- und Süßwasser werden das erhöhte MgO/CaO-Verhältnis im Salzwasser ebenso wie die Gesamtmineralisation und damit auch der Chloridgehalt dem Süßwasser aufgeprägt. In diesen Fällen ist häufig mit einer Erhöhung des Chloridgehalts gleichzeitig eine Zunahme des MgO/CaO-Verhältnisses festzustellen. Ein Vorauseilen des letzteren ist nicht zu erkennen.

Von größerer Bedeutung im norddeutschen Lockergesteinsbereich sind Ionenaustauschvorgänge, die das eigentliche Vorauseilen des MgO/CaO-Verhältnisses gegenüber einer Chloriderhöhung bewirken. Der Ablauf des Ionenaustausches wurde bereits von vielen Autoren (SCHWILLE 1954, CHEBOTAREW 1955, HELFERICH 1959, v. ENGELHARDT 1960 u. a.) behandelt. Bei Diffusionsvorgängen in Gesteinen mit kationenumtauschenden Eigenschaften (im Nordteil der DDR im wesentlichen Tone, Tongesteine und glaukonitführende Gesteine des tieferen Pleistozäns, Tertiärs und Juras) wird durch das größere Austauschvermögen von Mg^{++} gegenüber Ca^{++} das Verhältnis MgO/CaO erhöht, wobei in der Regel die Kationenumtauscher gleichzeitig als bedingte Anionensperre angesehen werden. Bei starken Konzentrationsunterschieden in den gelösten Bestandteilen zwischen Süßwasser oberhalb und Salzwasser unterhalb eines diese Bereiche trennenden undurchlässigen Schichtsystems können auch undurchlässige Tone in geringem Maße Anionen (Cl^-) durchlassen (v. ENGELHARDT 1960). Dieser Vorgang erklärt das Zurückbleiben der Salzwasserfront (Cl^-) hinter der Erhöhung des MgO/CaO-Verhältnisses.

Subrosion von Salzdiapiren im oberflächennahen Bereich führt zur Veränderung des Chemismus im Süßwasser. Die Zusammensetzung der Salzgesteine, die höhere Mg^{++}- als Ca^{++}-Gehalte aufweisen, bewirkt ebenfalls eine Erhöhung des MgO/CaO-Verhältnisses im Süßwasser. Konform damit erfolgt eine Zunahme der Gesamtkonzentration, wenn keine kationenumtauschenden Materialien bzw. Anionensperren vorhanden sind. Durch den sich bei Salzdiapiren in der Regel im Topbereich ausbildenden Gipshut sind im Grundwasser häufig mehr Sulfate als Chloride enthalten. Bei Ionenaustausch entsteht dann vorwiegend Natriumsulfat. Diese Erscheinungen sind an Salzdiapire gebunden. Im allgemeinen entsteht im Zusammenhang mit dem Ionenaustausch im Übergangsbereich Salz-/Süßwasser Natriumhydrogenkarbonat, da das Süßwasser im norddeutschen Bereich vorwiegend dem erdalkalihydrogenkarbonatischen Typ angehört (SCHLINKER 1964, KLOSE & SCHLINKER 1971).

Die dargestellten Verhältnisse können unter Umständen durch die anthropogene Beeinflussung im oberflächennahen Bereich verfälscht werden. Daher dürfen bei der Behandlung dieser Frage unter keinen Umständen nur das MgO/CaO-Verhältnis und der Cl^--Gehalt bei der Diagnose von Grundwasseranomalien betrachtet werden. Wie bei allen anderen Untersuchungen sind auch hier sämtliche geohydrochemischen Kriterien, die zur Identifizierung von Anomalien dienlich sind (u. a. $NaHCO_3$, pH, SO_4/Cl, NO_3/Cl), zu beachten und stets in Beziehung zum geologischen Bau und zur Grundwasserdynamik zu bringen.

In diesem Zusammenhang sei auf die Bedeutung des pH-Wertes für die Beurteilung von Grundwasseranalysen hingewiesen. Er zeigt nicht nur an, welche H^+-Ionenkonzentration — ob saurer oder alkalischer Bereich, ob reduzierendes oder oxydierendes Milieu — vorhanden ist, sondern läßt auch Aussagen über das Auftreten von bestimmten Inhaltsstoffen bei bestimmten pH-Werten zu. Verschiedene Salze weisen bekanntlich eindeutige Abhängigkeiten von der H^+-Ionenkonzentration auf (BAUER 1964). Dazu gehören die Karbonate, Hydrogenkarbonate, Sulfide und Oxide des Kalziums, Magnesiums, Eisens und Mangans.

Als Beispiel möge das Ionendiagramm für Kohlensäure dienen, in dem die Existenzbereiche für Kohlensäure in Abhängigkeit vom pH-Wert aufgetragen sind (Abb. 2).[1]) Hier kommt deutlich zum Ausdruck, daß bei einem pH-Wert von ca. 6—10 im wesentlichen HCO_3^- im Grundwasser vorhanden ist, während bei $pH > 10$ überwiegend CO_3— Ionen vorherrschen.

4. Gebietsbeispiele

Bisher wurden Untersuchungen über das Vorauseilen des MgO/CaO-Verhältnisses gegenüber der Versalzungszone im Großeinzugsgebiet Küste—Warnow—Peene

[1]) Das Ionendiagramm wurde freundlicherweise von Herrn Dr. BAUER, Berlin, zur Verfügung gestellt. Zur Theorie der Ermittlung von Konzentrationen mittels Ionendiagramme siehe bei BAUER (1969) und SEEL (1955).

Tab. 5. Modifikationen des MgO/CaO-Verhältnisses bei steigendem Cl^--Gehalt im Großeinzugsgebiet Küste—Warnow—Peene (nach SCHLINKER 1967)

Meßtischblatt	Teufe (m)	Cl (mg/l)	MgO/CaO (/)	$NaHCO_3$ (mg/l)
1939	30	17	0,25	+
	52	66	0,42	+
	84	821	0,44	+
1939	20	20	0,21	+
	54	62	0,42	+
	90	225	0,52	
1939	22	42	0,24	+
	58	56	0,45	+
	90	1176	0,42	
1946	26	167	0,08	
	90	3794	0,67	+
	134	7233	0,62	
1846	9	85	0,10	
	56	1418	0,34	+
	122	7375	0,62	

(SCHLINKER 1967), im EG Mittlere Havel (KLOSE 1970) und im EG Jeetze (GOERS 1970) durchgeführt. Im Großeinzugsgebiet Küste—Warnow—Peene hat SCHLINKER erstmalig verschiedene Beispiele für das Vorauseilen des MgO/CaO-Verhältnisses gegenüber der tiefer liegenden Versalzungszone angeführt (Tab. 5).[2])

Parallel dazu wurde das Auftreten von $NaHCO_3$ registriert, um den Übergangsbereich Salz-/Süßwasser zu kennzeichnen. Auf Grund der Entstehung von $NaHCO_3$ durch Ionenaustausch ist auch bei $NaHCO_3$ ein Vorauseilen gegenüber der Versalzung zu beobachten. Tab. 5 stellt nur eine Auswahl von Analysen dar. Die dort aufgezeigten Verhältnisse werden durch eine große Anzahl von weiteren Analysen aus anderen Gebieten im Großeinzugsgebiet Küste—Warnow—Peene bestätigt.

Ebenso wie in Mecklenburg konnten im Einzugsgebiet der Mittleren Havel und der Unteren Spree die gleichen Verhältnisse festgestellt werden (Tab. 6, KLOSE 1970). Insbesondere die Gebiete von Zehdenick, Oranienburg, Potsdam, Berlin-Stadt, Erkner und der südliche Teil von Berlin zeigen ein Vorauseilen des Verhältnisses MgO/CaO gegenüber einer noch nicht erfolgten Cl^--Anreicherung, die durch die ermittelten Ergebnisse jedoch bei einer Entnahme zu erwarten ist.

Im Einzugsgebiet der Jeetze (Altmark) konnte nur indirekt auf das Vorauseilen des MgO/CaO-Verhältnisses gegenüber einer tiefer liegenden Versalzungszone geschlossen werden, da beim gegenwärtigen Stand der Erkundungsarbeiten keine Abhängigkeit zwischen MgO/CaO-Verhältnis und Chloridgehalt ermittelt werden konnte und auch keine Erhöhung des Chloridgehalts mit der Teufe im Süßwasserbereich zu erkennen ist. Andererseits sind im Süßwasserbereich beim Vergleich mit anderen Gebieten außerordentlich hohe MgO/CaO-Werte (0,5—0,8) festzustellen; des weiteren besteht eine enge korrelative Abhängigkeit zwischen MgO/CaO-Verhältnis und Teufe. Diese Tatsachen deuten auf eine tiefer liegende Versalzungszone, die auf Grund der relativ geringen Entnahme im oberflächennahen Bereich noch nicht flächenhaft in den Süßwasserbereich eingedrungen ist und nachgewiesen wurde, wenn man von einigen Ausnahmen absieht, die wahrscheinlich durch den tektonisch stark gestörten Bau im prätertiären und tertiären Untergrund verursacht wurden (GOERS 1970).

Bei der Ermittlung der regionalen Grundwasserverhältnisse werden diese Ergebnisse stets in Zusammenhang mit anderen Faktoren betrachtet und kontrolliert, die die spezifischen Merkmale eines Einzugsgebiets beeinflussen und prägen. Sämtliche geohydrochemischen Kriterien werden immer in Abhängigkeit vom geolo-

Tab. 6. Teufenabhängige Modifikationen des MgO/CaO-Verhältnisses und des Cl^--Gehaltes im Einzugsgebiet der Mittleren Havel und der Unteren Spree

Gebiet	Teufe (m)	Cl (mg/l)	MgO/CaO (/)	$NaHCO_3$ (mg/l)
Ketzin	6	271	0,10	
	46	36	0,14	
	76	1805	0,29	12
	102	2837	0,43	
	45	540	0,56	48
	86	570	0,56	506
	218	10300	0,45	
	270	5957	1,17	
	70	195	0,31	616
	147	3940	0,32	
	157	10744	0,93	
Potsdam	11	28	0,07	
	23	134	0,06	
	73	301	0,12	+
	78	866	0,23	
	23	44	0,20	+
	60	176	0,30	+
	98	2982	0,52	+
Berlin-Süd	27	74	0,06	
	47	174	0,11	
	63	112	0,07	
	76	163	0,12	
Berlin-Stadt	57	65	0,11	
	129	3049	0,23	
	132	567	0,21	
	50	42	0,12	
	115	10	0,40	69
	10	11	0,12	
	30	26	0,16	
	35	9	0,21	48
	73	1640	0,64	
Zehdenick	12	23	0,11	4
	25	163	0,21	44
	145	404	0,28	87
	145	364	0,41	96
Oranienburg	10	18	0,05	
	12	18	0,06	
	19	25	0,15	
	26	21	0,07	
	66	74	0,12	140
	115	78	0,16	26
	200	78	0,16	123
Erkner	15	273	0,16	
	19	1014	0,23	
	35	435	0,35	
	69	250	0,22	

[2]) Für die freundliche Überlassung der Werte in Tab. 5 und den folgenden Tab. 7 und 8 danke ich Herrn Dr.-Ing. SCHLINKER, Schwerin.

gischen Bau und von den hydrogeologischen, hydrodynamischen, geohydrologischen sowie meteorologischen Bedingungen untersucht.

5. Geohydrochemische Relationen

In der hydrogeologischen und wasserwirtschaftlichen Praxis sind die Kenntnis von flächenhaft oder punktförmig auftretenden Versalzungsgebieten sowie die Voraussage von Versalzungserscheinungen für die Dimensionierung von Wasserfassungsanlagen von großer Bedeutung. Wertvolle Hinweise über die vorhandenen Verhältnisse und mögliche Immigrationen in den Süßwasserbereich liefern neben hydrogeologischen Aufschlüssen statistische Untersuchungen geohydrochemischer Komponenten.

Bei einer Abhängigkeit des MgO/CaO-Verhältnisses von der Teufe und des Chloridgehalts von der Teufe sollten auch enge korrelative Beziehungen zwischen MgO/CaO-Verhältnis und Chloridgehalt bestehen. Diese Kausalzusammenhänge gestatten bei Vorliegen entsprechender Beobachtungen Aussagen über die Möglichkeit, Wahrscheinlichkeit oder Unwahrscheinlichkeit von geogenen Immigrationen. Der marine Einfluß an der Ostseeküste soll an dieser Stelle ebenso wie der anthropogene Einfluß unberücksichtigt bleiben. Es muß aber darauf hingewiesen werden, daß bei der Ermittlung regionaler Grundwasserverhältnisse auch diese Kriterien zu beachten sind. In den obengenannten Regionalarbeiten wurden zur Kennzeichnung des anthropogenen Einflusses ebenfalls erfolgreich Kriterien für statistische Kontrolloperationen eingeführt (NO_3/Cl, SO_4/Cl).

Tab. 7. Korrelation MgO/CaO (R) in Abhängigkeit von der Teufe (T) im EG Peene, Jeetze und Mittlere Havel

Nr.	EG	n	Mittelwerte T (m)	Mittelwerte R	$r_{T,R}$	Gleichung der Regressionsgeraden
1	O. Peene	92	43,8	0,23	0,2750	$R = 15{,}2 \cdot 10^{-4} T + 0{,}165$
2	Tollense	100	42,5	0,21	0,1020	$R = 4{,}0 \cdot 10^{-4} T + 0{,}192$
3	Trebel	31	31,0	0,19	0,0075	$R = 0{,}6 \cdot 10^{-4} T + 0{,}185$
4	U. Peene	81	34,9	0,16	0,3420	$R = 1{,}7 \cdot 10^{-4} T + 0{,}150$
5	Jeetze	40	39,5	0,46	0,3330	$R = 4{,}4 \cdot 10^{-3} T + 0{,}290$
	M. Havel					
6	Zehdenick–Friedenthal	57	38,4	0,14	0,3977	$R = 7{,}2 \cdot 10^{-4} T + 0{,}112$
7	Friedenthal–Spandau	70	23,7	0,12	0,4497	$R = 6{,}6 \cdot 10^{-4} T + 0{,}100$
8	Spandau–Brandenburg	289	62,5	0,20	0,3482	$R = 1{,}4 \cdot 10^{-3} T + 0{,}115$

1 – 4 nach SCHLINKER (1967).
5 nach GOERS (1970).
6 – 8 KLOSE (1970).

Tab. 9. Korrelation Cl (R) in Abhängigkeit von der Teufe (T) im EG Jeetze und Mittlere Havel

Nr.	EG	n	Mittelwerte T (m)	Mittelwerte R (mg/l)	$r_{T,R}$	Gleichung der Regressionsgeraden
1	Jeetze	37	40,8	41,3	−0,0513	$R = -0{,}07 T + 44{,}34$
	M. Havel					
2	Zehdenick–Friedenthal	58	37,9	83,6	0,9157	$R = 2{,}83 T - 23{,}8$
3	Friedenthal–Spandau	114	25,6	30,2	0,3766	$R = 0{,}26 T + 23{,}6$
4	Spandau–Brandenburg	405	50,9	796,3	0,4167	$R = 17{,}46 T - 92{,}4$

1 nach GOERS (1970).
2 – 4 KLOSE (1970).

Tab. 10. Korrelation MgO/CaO (R) in Abhängigkeit von $NaHCO_3$ (B) im EG Mittlere Havel

Nr.	EG	n	Mittelwerte B (mg/l)	Mittelwerte R	$r_{B,R}$	Gleichung der Regressionsgeraden
1	Zehdenick–Friedenthal	12	33,8	0,21	0,8387	$R = 0{,}00265 B + 0{,}113$
2	Friedenthal–Spandau	23	41,5	0,14	0,3135	$R = 0{,}00041 B + 0{,}122$
3	Spandau–Brandenburg	74	42,8	0,24	0,3292	$R = 0{,}00045 B + 0{,}223$

Tab. 8. Korrelation MgO/CaO (R) in Abhängigkeit von Cl (B) im EG Peene, Jeetze und Mittlere Havel

Nr.	EG	n	Mittelwerte B (mg/l)	Mittelwerte R	$r_{B,R}$	Gleichung der Regressionsgeraden
1	O. Peene	90	31,1	0,22	−0,0169	$R = -0{,}000326 B + 0{,}209$
2	Tollense	99	34,3	0,21	−0,1658	$R = -0{,}000616 B + 0{,}229$
3	Trebel	30	68,6	0,16	0,4950	$R = 0{,}000660 B + 0{,}118$
4	U. Peene	79	46,1	0,15	0,0276	$R = 0{,}000046 B + 0{,}152$
5	Jeetze	85	55,5	0,34	−0,1646	$R = -0{,}033000 B + 2{,}19$
	M. Havel					
6	Zehdenick–Friedenthal	57	81,6	0,14	0,4653	$R = 0{,}000292 B = 0{,}122$
7	Friedenthal–Spandau	66	32,4	0,12	0,4424	$R = 0{,}000970 B + 0{,}080$
8	Spandau–Brandenburg	289	963,7	0,20	0,3306	$R = 0{,}000027 B + 0{,}182$

1 – 4 nach SCHLINKER (1967).
5 nach GOERS (1970).
6 – 8 KLOSE (1970).

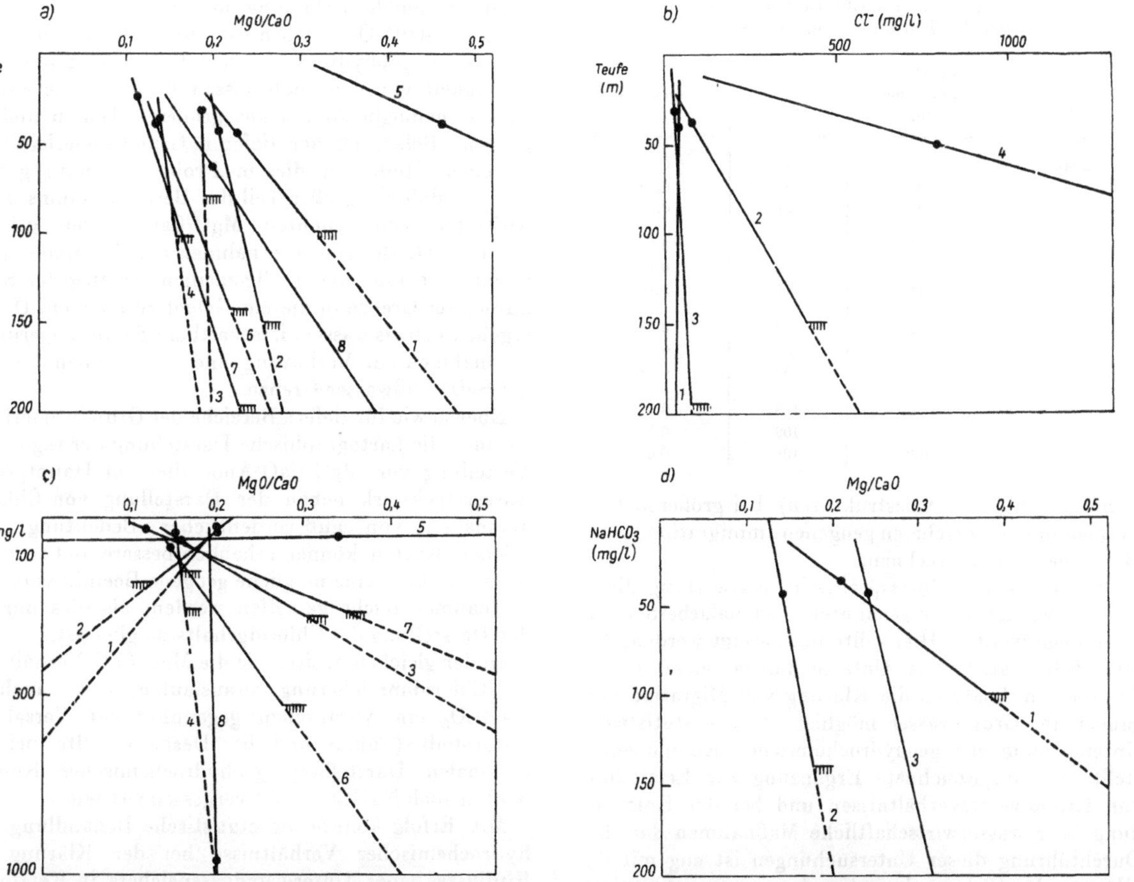

Abb. 3. Vorläufige Regressionsgeraden für die lineare Abhängigkeit des MgO/CaO-Verhältnisses vom Cl^-- und $NaHCO_3$-Gehalt und von der Teufe sowie des Cl^--Gehaltes von der Teufe im känozoischen (vorwiegend pleistozänen) Bereich

Die Nummern der Regressionsgeraden entsprechen den in den Tabellen 7 bis 10 angeführten Gebieten, Vollkreise = Mittelwerte, durchgehende Gerade = Gültigkeitsbereich, unterbrochene Gerade = nichtnachgewiesener, hypothetischer Verlauf

Generell ist zu bemerken, daß sämtliche statistischen Untersuchungen geohydrochemischer Komponenten nur als Kontrolloperationen anzusehen sind, die die aus Einzelanalysen gewonnenen Erkenntnisse auf das gesamte Einzugsgebiet übertragen und verallgemeinern sollen. Entscheidend sind dabei der Trend und die Wechselbeziehungen der geohydrochemischen Komponenten im Gesamtsystem eines unterirdischen Einzugsgebiets.

Um die geogene Immigration in den Süßwasserbereich räumlich zu erfassen und zu bewerten, wurden in den genannten drei Gebieten folgende Beziehungen näher betrachtet:

MgO/CaO in Abhängigkeit von der Teufe,
MgO/CaO in Abhängigkeit vom Cl^--Gehalt;
MgO/CaO in Abhängigkeit vom $NaHCO_3$-Gehalt;[3]
Cl^- in Abhängigkeit von der Teufe.[4]

Die Ergebnisse dieser Untersuchungen werden in den Tab. 7 bis 10 und in Abb. 3 mitgeteilt.

Die Ergebnisse der Korrelations- und Regressionsanalyse lassen anhand des Korrelationskoeffizienten Schlußfolgerungen über die flächenhafte geogene Beeinflussung in den verschiedensten unterirdischen Einzugsgebieten zu. Zeigt der Korrelationskoeffizient eine Abhängigkeit zwischen zwei betrachteten Komponenten, kann auf eine mögliche geogene Beeinflussung geschlossen werden (z. B. Obere und Untere Peene, Mittlere Havel und Jeetze in Tab. 7). Sind keine Abhängigkeiten zwischen zwei Komponenten festzustellen (z. B. Tollense- und Trebelgebiet in Tab. 7), können diese Korrelationskoeffizienten wertvolle Hinweise über unwahrscheinliche geogene Immigrationen liefern. Die ermittelten Korrelationskoeffizienten lassen bei einer repräsentativen Analysenauswahl in jedem Fall Rückschlüsse über vorliegende geohydrochemische Verhältnisse zu. Ebenso können mittels der Korrelationskoeffizienten vergleichende Betrachtungen über den Grad der geogenen Beeinflussung in verschiedenen Gebieten angestellt werden.

Nach Auswertung der im Großeinzugsgebiet Küste—Warnow—Peene gewonnenen Erkenntnisse hat Schlinker (1967) das in Abb. 4 wiedergegebene vorläufige Diagramm der geogenen Immigrationswahrscheinlichkeit anhand des MgO/CaO-Verhältnisses aufgestellt. Je nach Lage der Regressionsgeraden in diesen Bereichen kann mit entsprechenden Verhältnissen im Untergrund gerechnet werden.

Beim Vergleich mit Abb. 3a fällt auf, daß die Regressionsgerade 5 (EG Jeetze) außerhalb der in Abb. 4 dargestellten Bereiche liegt. Hier ist, bedingt durch die gebietsspezifischen Besonderheiten im EG Jeetze (zahl-

---

[3]) Nur EG Mittlere Havel.
[4]) Nur EG Mittlere Havel und Jeetze.

Tab. 11. Modifikationen des Chloridgehalts und der MgO/CaO-Relation bei der Entnahme (nach SCHLINKER 1967)

Meßtischblatt	Dauer der Entnahme (h)	Cl (mg/l)	MgO/CaO
2343	5	16	0,12
	25	21	0,13
	40	21	0,15
2445	6	22	0,15
	10	22	0,18
	50	27	0,19
2551	2	53	0,25
	9	53	0,21
	11	52	0,28
2143	0	113	0,36
	50	109	0,59
	100	108	0,64

reiche hochliegende Salzstrukturen), bei größeren Entnahmen mit einer sicheren geogenen Immigration in den Süßwasserraum zu rechnen.

Die komplexe gebietsspezifische Auswertung dieser Verhältnisse ist in den genannten Regionalarbeiten vorgenommen worden. Hier sollte nur gezeigt werden, daß mit Hilfe statistischer Untersuchungen einer großen Anzahl von Analysen die Klärung von Migrationsvorgängen im Grundwasser möglich ist. Die statistische Untersuchung von geohydrochemischen Komponenten stellt eine ausgezeichnete Ergänzung zur Ermittlung von Grundwasserverhältnissen und bei der Entscheidung über wasserwirtschaftliche Maßnahmen dar. Die Durchführung dieser Untersuchungen ist eng mit der Klärung der hydrogeologischen Lagerungsverhältnisse, des geologischen Baus und der hydraulischen Bedingungen verknüpft. Die separate Betrachtung dieser Verhältnisse kann bei vorliegenden Anomalien zu verhängnisvollen Trugschlüssen führen.

6. Wasserwirtschaftliche Folgerungen des Auftretens von erhöhten MgO/CaO-Verhältnissen

Wie an mehreren Gebietsbeispielen gezeigt werden konnte, kann das MgO/CaO-Verhältnis als ein wichtiges Kriterium für die Beurteilung und Vorhersage von geohydrochemischen Anomalien angesehen werden. SCHLINKER (1967) hat gezeigt, daß durch geohydrochemische Analysen im Verlauf eines Pumpversuchs bereits in den Modifikationen des Chloridgehalts und des MgO/CaO-Verhältnisses der Charakter der zu erwartenden Wasserqualität und die Herkunft des geförderten Grundwassers im Dauerbetrieb erkennbar sind (Tab. 11). In diesen Beispielen wird bei relativ gleichbleibendem Chloridgehalt ein Ansteigen des MgO/CaO-Verhältnisses beobachtet, was bei weiterer Entnahme und im Dauerbetrieb eine stärkere Chloridanreicherung erwarten läßt. Somit können durch eine exakte Deutung dieser Erscheinung wasserwirtschaftliche Konsequenzen gezogen und Fehlinvestitionen vermieden werden.

Bei der Erfassung von tiefliegenden Grundwasserleitern, die zur kurzzeitigen Wasserversorgung in Extremsituationen herangezogen werden sollen und die wesentlich näher der Süß-/Salzwasser-Grenze liegen als der oberflächennahe Bereich, gewinnt das Verhältnis MgO/CaO noch größere Bedeutung.

Die regionale Erfassung der Verbreitung von erhöhten MgO/CaO-Verhältnissen sowie statistische Untersuchungen geohydrochemischer Komponenten in Abhängigkeit von der Teufe lassen Rückschlüsse auf die Entnahmemöglichkeiten aus größeren Teufen und die geogene Belastung der tieferen Grundwasserleiter zu. In einer Studie zu diesem Problem konnte gezeigt werden, daß ein großer Teil des Berliner Raums durch Auftreten von erhöhten MgO/CaO-Werten gekennzeichnet ist. Bei Dauerentnahmen aus den tieferen Bereichen ist mit einem allgemeinen Anstieg der Salz-/Süßwasser-Grenze in diesem Gebiet zu rechnen. Daraus ergeben sich als wasserwirtschaftliche Schlußfolgerungen Maßnahmen zur Verhütung eines allgemeinen Anstiegs der Salz-/Süßwasser-Grenze.

Ebenso wie für tiefere Bereiche der Grundwasserleiter ist auch die kartographische Darstellung der regionalen Verteilung von MgO/CaO-Anomalien im Hauptgrundwasserstockwerk neben der Darstellung von Chloridanomalien von außerordentlicher Bedeutung. Aus solchen Karten können erheblich bessere und sicherere Aussagen über eine mögliche geogene Beeinflussung des Entnahmebereichs getroffen werden, als dies nur bei der Darstellung des Chloridgehalts möglich ist.

In der gleichen Weise, wie die MgO/CaO-Verhältnisse der Chloridanreicherung vorauslaufen, wurde auch bei $NaHCO_3$ ein Vorauseilen gegenüber der Versalzung festgestellt (Tab. 5 und 6). Deshalb sollte bei der regionalen Darstellung geohydrochemischer Komponenten auch $NaHCO_3$ nicht vergessen werden.

Mit Erfolg konnte die statistische Behandlung geohydrochemischer Verhältnisse bei der Klärung des Einflusses eines Untergrundgasspeichers in Ketzin auf die geogene Immigration in den Süßwasserbereich angewendet werden (KLOSE 1971). Neben der Untersuchung des Chloridgehalts in Abhängigkeit von der Teufe trug auch das Verhältnis MgO/CaO in Abhängigkeit von der Teufe, vom Cl^-- und $NaHCO_3$-Gehalt wesentlich zur Aufdeckung der Immigrationsverhältnisse im Untergrund des Strukturbereichs bei. Diese Untersuchungen können auch hier bei der Entschei-

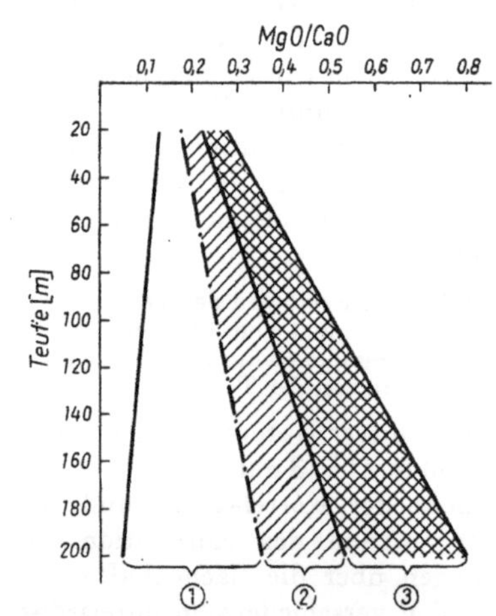

Abb. 4. Vorläufiges Diagramm zur Darstellung der Wahrscheinlichkeit geogener Immigration in den Süßwasserbereich (nach SCHLINKER 1967)

1 – geogene Immigration unwahrscheinlich; 2 – geogene Immigration möglich; 3 – geogene Immigration wahrscheinlich

Zeitschrift für angewandte Geologie, Bd. 17 (1971), Heft 5

dung über die notwendigen wasserwirtschaftlichen Maßnahmen zur Sanierung von bestehenden Wasserfassungsanlagen helfen.

Zusammenfassung

Ausgehend von einem Überblick über die unterschiedliche Ausbildung der MgO/CaO-Verhältnisse in den verschiedensten Bereichen wird auf die Bedeutung des MgO/CaO-Verhältnisses für die wasserwirtschaftliche Praxis hingewiesen.

Der Mechanismus im Übergangsbereich Salz-/Süßwasser führt zur Erhöhung des MgO/CaO-Verhältnisses im Süßwasserbereich und zum relativen Zurückbleiben der Anionen hinter dieser Relation, so daß das MgO/CaO-Verhältnis als Kriterium für die Voraussage einer möglichen geogenen Beeinflussung angesehen werden kann. Diese Erscheinungen wurden in verschiedenen Gebieten des norddeutschen Lockergesteinsbereiches nachgewiesen.

Beispiele mit wasserwirtschaftlichen Schlußfolgerungen lassen die Bedeutung des MgO/CaO-Verhältnisses bei der Klärung der geogenen Immigrationen in den Süßwasserbereich erkennen. Bei der Grundwassererschließung im Rahmen hydrogeologischer Erkundungsprogramme sollte dies Berücksichtigung finden.

Резюме

Исходя из обзора различного образования отношения MgO/CaO на самых различных участках указывается на значение отношения MgO/CaO для практики водного хозяйства.

Механизм в переходном участке соль-пресная вода ведет к повышению отношения MgO/CaO в участке пресной воды и к относительному отставанию анионов в сравнении с этим повышенным отношением, так что отношение MgO/CaO можно рассматривать как критерий для предсказывания возможно геогенного влияния. Эти отношения доказаны в различных районах развития северо-германских отложений рыхлых пород.

Примеры с выводами для водного хозяйства позволяют узнать значение отношения MgO/CaO при объяснении геогенной иммиграции в сферу пресной воды. При вскрытии грунтовых вод в рамках программы гидрогеологической разведки эти отношения должны быть учтены.

Summary

The author reviews the different development of the MgO/CaO ratio in various ranges and emphasizes its importance to the practice in water economy.

The mechanism in the salt—fresh water zone of transition produces an increase of the MgO/CaO ratio in the fresh-water zone, and a relative lagging of anions behind this increased ratio, so that the MgO/CaO ratio may be considered as a criterion for predicting possible geogenic influences. These ratios were demonstrated in various areas of the North German soil zone.

From examples involving conclusions for the water economy the importance of the MgO/CaO ratio can be shown in view of an explanation of the geogenic immigration into the fresh-water zone. These conditions should be considered when opening-up ground water within hydrogeological programmes of exploration.

Literatur

BAUER, K.: Zur Chemie des Grundwassers. — Wiss. Z. Humboldt-Univ. Berlin, math.-naturw. Reihe, **XIII** (1964), 5, 811–814, Berlin 1964.

— Logarithmische Ionendiagramme. — Inst. Wasserwirtschaft, Berlin 1969 (unveröff.).

CHEBOTAREW, J. J.: Metamorphism of natural waters in the crust of weathering. — Geoch. Cosmochim. Acta, 8, 23–48, 137–170, 198–212, London—New York 1955.

ENGELHARDT, W. v.: Der Porenraum der Sedimente. — Min. und Petr. i. Einzeldarstellungen, 2, Springer-Verlag Berlin—Göttingen—Heidelberg 1960.

GOERS, R.: Die regionalen Grundwasserverhältnisse im quartären und tertiären Bereich und die Ermittlung des Grundwasserdargebotes im DDR-Anteil des Jeetze-Einzugsgebietes. — Diss. Humboldt-Univ. Berlin, Sektion Geographie, Berlin 1970.

HELFERICH, F.: Ionentauscher, Bd. I. Grundlagen — Struktur — Herstellung — Theorie. — Verlag Chemie GmbH, Weinheim 1959.

HEM, J. D.: Study and interpretation of chemical characteristics of natural water. — Geol. Survey Water Supply Paper 1473, 269 S., Washington 1959.

KLOSE, B.: Die regionalen Grundwasserverhältnisse des tertiären und quartären Bereiches im Einzugsgebiet der Mittleren Havel. — Diss. Humboldt-Univ. Berlin, Sektion Geographie, Berlin 1970.

— Über den Einfluß eines Untergrundgasspeichers auf die geogene Immigration in den Süßwasserbereich. — Z. angew. Geol., Berlin 1971.

KLOSE, B., & K. SCHLINKER: Interpretation von Natriumhydrogenkarbonat ($NaHCO_3$) im Lockergesteinsbereich des Norddeutschen Tieflands. — (In Vorbereitung).

MÜLLER, E. P.: Zur Geochemie der Tiefenwässer und der organischen Substanz im Nordteil der DDR. — Z. angew. Geol., 15, 3, 113–124, Berlin 1969.

RÖSLER, J., & H. LANGE: Geochemische Tabellen. — VEB dt. Verl. Grundstoffindustrie, Leipzig 1965.

SCHLINKER, K.: Grundwasserversalzung. — Forschungsstudie Wasserwirtschaftsdirektion Stralsund 1964 (unveröff.).

— Methodik der regionalen geohydrologischen Grundwasserforschung im quartären und tertiären Bereich Mecklenburgs. — Diss. TU Dresden, Inst. f. Boden- und Wasserwirtschaft (1967).

SCHWILLE, F.: Ionenaustausch und der Chemismus von Grund- und Mineralwässern. — Z. dt. geol. Ges., 1954, 106, 16–22, Hannover 1955.

SEEL, F.: Grundlagen der analytischen Chemie und der Chemie in wäßrigen Lösungen. — Verlag Chemie GmbH, Weinheim 1955.

Die Quecksilberprovinzen der UdSSR

W. A. KUSNEZOW

Es steht die Frage, ob ein besonderer Tienschan—Südsibirischer Quecksilbergürtel existiert, der dem gleichnamigen Gürtel der im Meso- und Känozoikum aktivierten paläozoischen Faltungsstrukturen entspricht. Es werden eine Beschreibung und eine vergleichende Charakteristik der Quecksilberprovinzen der UdSSR gegeben, und es wird der Versuch unternommen, die Haupttypen der Quecksilberprovinzen zu bestimmen. Am klarsten zeichnen sich drei Haupttypen ab:

1. die Provinz der mesozoischen und alpidischen Faltungsgebiete;
2. die Provinz der aktivierten paläozoischen und älteren Faltungsgebiete;
3. die Provinz der aktivierten Plattformen.

Viele Fragen der Metallogenie des Quecksilbers und die Besonderheiten der Bildung und Verteilung der Quecksilberlagerstätten wurden in den Arbeiten von W. I. SMIRNOW (SMIRNOW 1947; SMIRNOW & RYSHENKO 1958 u. a.) sehr umfassend behandelt. Hierbei wurde gezeigt, daß die Mehrheit der Quecksilberlagerstätten zu einer Erzformation gehört, daß die überwiegende Anzahl der Quecksilberlagerstätten der Welt ein relativ junges, meso- bis känozoisches Alter besitzt und die Quecksilberlagerstätten sich hauptsächlich in den späten Entwicklungsstadien der Mobilzonen der Erdkruste bilden.

Aus: „Geologija rudnych mestoroshdenij", Verlag Nauka, Moskau, 12 (1970), 1, 3–21.
Übers.: L. LINDNER, Berlin.

Weiterhin wurde festgestellt, daß die Quecksilbervererzung am häufigsten mit den Faltungssystemen jenes Typs verbunden ist, in denen die Prozesse der späten Entwicklungsstadien am vollständigsten ausgeprägt waren. Schließlich wurde gezeigt, daß der überwiegende Teil der Quecksilberlagerstätten der Welt in zwei Strukturen planetaren Maßstabs lokalisiert ist: in der alpidischen Zone Eurasiens und in der Innenzone des Pazifischen Faltungsgürtels. Im Bereich dieser metallogenetischen Gürtel sind die Quecksilberlagerstätten gewöhnlich entlang den regionalen Brüchen verteilt und bilden dort lineare Erzgürtel und Erzzonen.

Die weiteren Untersuchungen, die große Kollektive von Geologen in Mittelasien, in der Ukraine, im Kaukasus, in Sibirien und im Fernen Osten durchgeführt haben, bestätigten jene Gesetzmäßigkeiten der Bildung und Verteilung von Quecksilberlagerstätten, wie sie von W. I. SMIRNOW dargelegt wurden. Die Materialien, die durch die Untersuchungen gewonnen wurden, ermöglichten die Erarbeitung weiterer Fragen im Zusammenhang mit der Metallogenie des Quecksilbers. Dabei handelte es sich um die Systematisierung der Quecksilberlagerstätten, um Fragen des Charakters und der Verbindung von Quecksilbervererzungen mit Vererzungen anderer Zusammensetzung, die Ähnlichkeiten im genetischen Typ und im geologischen Alter aufweisen, um die Frage der Zonalität in den Quecksilbererzbezirken und -provinzen sowie um die Beziehungen zwischen der Quecksilbervererzung und dem Magmatismus.[1]) Jetzt bot sich die Möglichkeit, unsere Vorstellungen über die Bildungsbedingungen und die regionalen Verteilungsgesetze der Quecksilberlagerstätten zu präzisieren und die Auffassungen über die Quecksilberprovinzen zu begründen.

Einige neue Angaben über die Bildungsbedingungen der Quecksilberlagerstätten

Die sich aus den Arbeiten von W. I. SMIRNOW ergebenden neuen Daten zeigen, daß es richtig ist, auf ein junges, vorwiegend meso- bis känozoisches Alter der Quecksilberlagerstätten allgemein und denen der Sowjetunion im besonderen zu schließen. Tatsächlich treten die Lagerstätten der Tschuktschenhalbinsel, des Jano—Kolyma-Gebiets, Sachalins und der Kurilen in Schichten der Spätkreidezeit oder des Paläogens auf. Die Quecksilbervererzung des Korjaken—Kamtschatka-Gebiets, Sachalins und der Kurilen hat spättertiäres oder rezentes Alter.

Die Vererzung des Primorje- und des Amurgebiets erfolgte im späten Mesozoikum oder im Quartär (BABKIN 1968; GALKIN 1968; SIDORENKO u. a. 1968; TITOW & TARASENKO 1968; ROSHDESTWENSKIJ 1968 u. a.). Die Quecksilbervererzung Transbaikaliens, die in den kaledonischen und herzynischen Faltungssystemen verteilt ist, zeigt eine Verbindung mit der mesozoischen Aktivierung der alten Faltungsstrukturen und stammt aus der Kreidezeit SCHTSCHEGLOW 1967, 1968). Ebenfalls mesozoischen (triassisch-jurassischen), möglicherweise etwas jüngeren Alters ist die Quecksilbervererzung des Ostsajans und des Südteils der Sibirischen Tafel, die im Mesozoikum aktiviert und vom basischen und alkalisch-ultrabasischen Magmatismus der Plattformen erfaßt wurde (SCHTSCHEGLOW & I. I. PARFENOW 1967; STRACHOW 1968). Die Quecksilbervererzung des Altai—Sajan-Gebiets (Gorno Altai, Salair, Kolywan—Tomsker Zone und Tuwa) ist ebenfalls mesozoisch, was sowohl mit geologischen Methoden als auch mit den Methoden der absoluten Geochronologie, insbesondere durch die Altersbestimmungen von Hydroglimmern und anderen Mineralen der hydrothermal veränderten Nebengesteine, festgestellt wurde (KUSNEZOW & OBOLENSKIJ 1969). Die Angaben einiger Wissenschaftler über das wahrscheinliche devonische Alter der Quecksilbervererzung von Tuwa (UNKSOW 1960; KEN & GRUSA 1966) und das silurische Alter der Quecksilbervererzung des Salairgebirges (DEBRIKOW 1937) stimmen nicht mit den vorhandenen Unterlagen überein.

Bekanntlich ist das geologische Alter der Quecksilberlagerstätten des Tienschan und des Donezbeckens noch umstritten. Ein Teil der Wissenschaftler nimmt herzynisches Alter an (SINIZYN 1959; FEDORTSCHUK 1964 u. a.). Andere wiederum halten sie für alpidisch (SMIRNOW 1947). Es muß betont werden, daß in den letzten Jahren immer mehr Angaben gewonnen wurden, die darauf hinweisen, daß zwar nicht alle, aber doch ein bestimmter Teil der Quecksilberlagerstätten des Tienschans meso- bis känozoisches Alter hat (TURBIN & MALYGIN 1964; LUJK 1960; CHAMRABAJEW u. a. 1964; TURBIN & ALEKSANDROWA 1968 u. a.). Offensichtlich ist die Auffassung von A. D. SCHTSCHEGLOW richtig, daß ein Teil der endogenen Vererzung des Tienschans, darunter auch die Quecksilbervererzung, nicht mit den späten Stadien der herzynischen Entwicklungsetappe verbunden ist, wie die Mehrheit der Wissenschaftler für dieses Gebiet annimmt, sondern mit den Prozessen der späteren meso- und känozoischen Aktivierung der Faltungsstrukturen (SCHTSCHEGLOW 1968).

Für die Quecksilbervererzung des Donezbeckens wurde ebenfalls spätpaläozoisches oder alpidisches Alter angenommen. Die neuesten Angaben (KUSNEZOW u. a. 1968; SKARSHINSKIJ 1968) bestätigen die Auffassungen, daß diese Vererzung meso- bis känozoisches Alter besitzt und offensichtlich mit der Aktivierung der Strukturen der Donezker Randsenke der Russischen Tafel in Zusammenhang steht.

Die beobachtete Bindung der Konzentration der Quecksilbervererzung an die späteren Entwicklungsstadien der Erdkruste kann auf mehrere Ursachen zurückgeführt werden. Da sich die Quecksilberlagerstätten in Oberflächennähe bilden, spielt die Denudation eine besondere Rolle. Die Quecksilbererze sind bei relativ geringen Temperaturen instabil und werden bei einer späteren Metamorphose der sie umgebenden Schichten zerstört, wobei das Quecksilber wahrscheinlich dispergiert wird und in die oberen Horizonte der Erdkruste abwandert. Die relative Konzentration des Quecksilbers in den meso- und känozoischen Bildungen kann demnach ein gesetzmäßiges Ergebnis einer bestimmten Entwicklung der Erdkruste sein.

Das geologische Alter steht in engem Zusammenhang mit der Frage, wie die Quecksilbervererzung in die Entwicklungsgeschichte der Faltungsgebiete einzuordnen ist. W. I. SMIRNOW betonte, daß sich die Quecksilber-

[1]) Zu diesen Fragen wurde auf dem „Symposium über die Metallogenie des Quecksilbers" im Jahre 1966 in Nowosibirsk gesprochen (in: Sammelband: Fragen der Metallogenie des Quecksilbers. — Verl. Nauka, Moskau 1968).

Zeitschrift für angewandte Geologie, Bd. 17 (1971), Heft 5

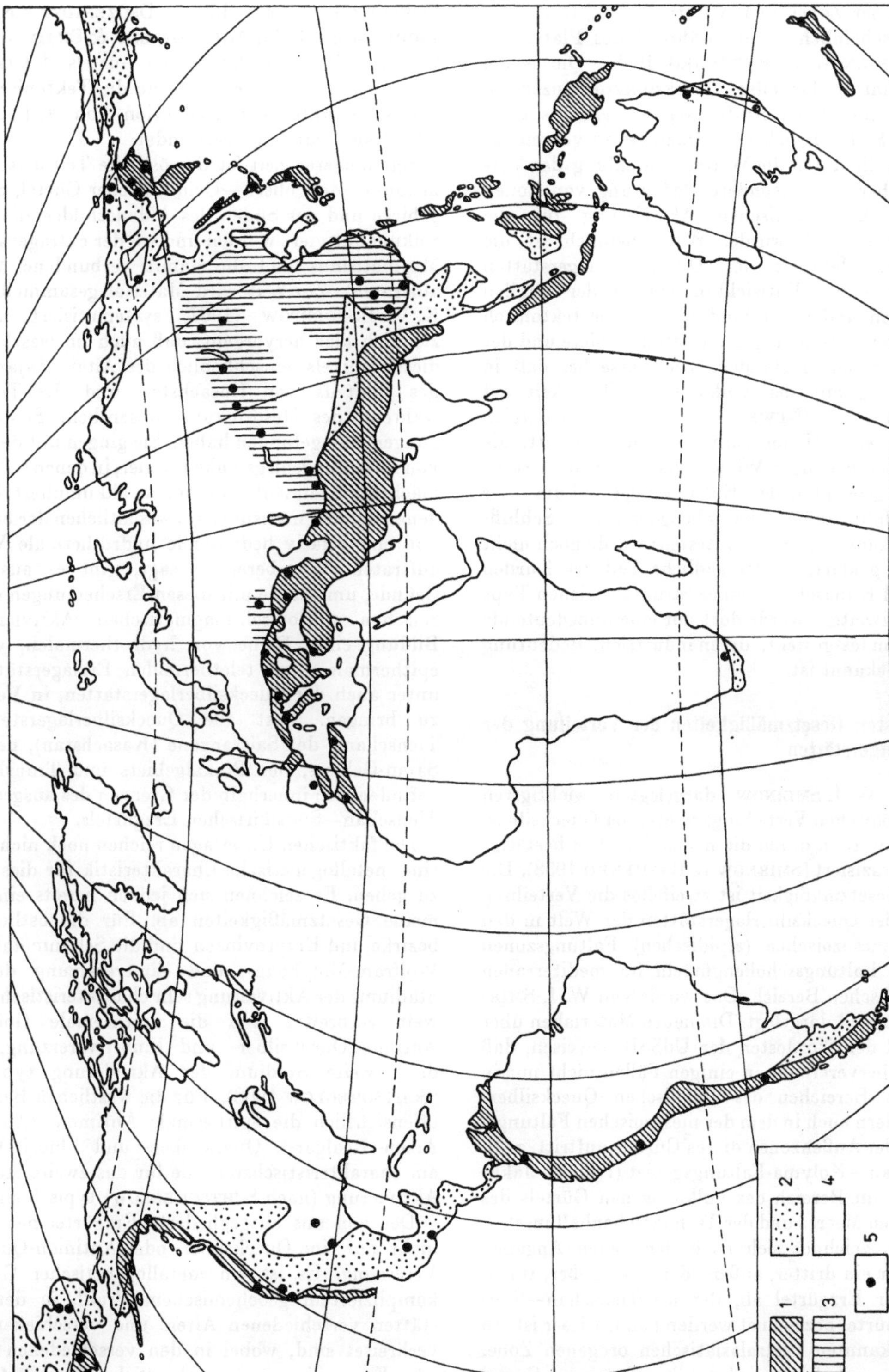

Abb. 1. Verteilung der Quecksilbergürtel der Welt (nach der Karte von W. I. SMIRNOW & L. M. RYSHENKO 1958, mit Ergänzungen des Verf.)

1 – Gebiete der alpidischen Faltung (Mediterraner Gürtel und Innenzonen des Pazifischen Gürtels); 2 – Gebiete der mesozoischen Faltung (Außenzonen des Pazifischen Gürtels); 3 – Gebiete der meso-, känozoischen Aktivierung und Gewölbeschollenhebungen (darunter der Tienschan–Südsibirische Gürtel); 4 – Zonen der paläozoischen Faltung und alten Plattformen; 5 – Quecksilberlagerstätten

lagerstätten in der Regel nicht in den frühen geosynklinalen und den mittleren Entwicklungsstadien der Faltungsgebiete bilden. Alle Quecksilberlagerstätten sind in den letzten Entwicklungsstadien der Mobilzone der Erdkruste entstanden, und zwar während der Umwandlung dieser Zonen in Plattformgebiete, in einigen Fällen wahrscheinlich bereits während des Plattformstadiums (SMIRNOW & RYSHENKO 1958). Die neuen Angaben stimmen bei allen Quecksilberprovinzen im wesentlichen mit dieser Auffassung überein. Es kann von Fall zu Fall lediglich eine Präzisierung vorgenommen werden, die durch die Weiterentwicklung der Vorstellungen über eine besondere Bedeutung von Zonen der tektonisch-magmatischen Aktivierung für die Metallogenie möglich wurde. Wahrscheinlich ist die überwiegende Mehrheit der Quecksilberlagerstätten während der letzten Entwicklungsstadien der mobilen Faltungszonen und in Verbindung mit der tektonisch magmatischen Aktivierung der Faltungsgebiete und der alten Plattformen entstanden. Die Tatsache, daß in Zusammenhang mit der vulkanischen Tätigkeit auf der Insel Kunaschir (NEWEROW 1963), d. h. im Bereich der Kurilen, eine Zinnobermineralisation auftritt, die nach Auffassung einiger Wissenschaftler in das frühe, eigentliche geosynklinale Entwicklungsstadium der Erdkruste fällt, kann die obengenannten Schlußfolgerungen kaum widerlegen. Erstens wurde noch nicht vollkommen geklärt, ob der südliche Teil der Kurilen mit der Insel Kunaschir zu einer Struktur solchen Typs gehört, und zweitens wurde dort nur eine unbedeutende Mineralisation festgestellt, deren industrielle Bedeutung noch nicht bekannt ist.

Die wichtigsten Gesetzmäßigkeiten der Verteilung der Quecksilberlagerstätten

Die von W. I. SMIRNOW dargelegten wichtigsten regionalgeologischen Verteilungsgesetze der Quecksilberlagerstätten werden durch die neuen Angaben bestätigt und etwas präzisiert (SMIRNOW & RYSHENKO 1958). Die wichtigste Gesetzmäßigkeit ist zweifellos die Verteilung praktisch aller Quecksilberlagerstätten der Welt in den planetaren mesozoischen (alpidischen) Faltungszonen und in den Faltungsschollengürteln im mediterranen und im pazifischen Bereich. Das wurde von W. I. SMIRNOW überzeugend dargelegt. Die neuen Materialien über Sibirien und den Nordosten der UdSSR beweisen, daß die Quecksilbervererzung in einigen Fällen nicht nur in den inneren Bereichen des Pazifischen Quecksilbergürtels, sondern auch in dem der mesozoischen Faltungsstrukturen der Außenzonen dieses Gürtels auftritt, z. B. im Werchojan—Kolyma-Faltungsgebiet (NE von Jakutien), ferner im Bereich des vulkanogenen Gürtels des Ochotskischen Meeres und der Tschuktschenhalbinsel.

Außerdem zeichnet sich nach den neuen Angaben ziemlich klar ein dritter, außerordentlich großer, transkontinentaler Erzgürtel ab, der als Tienschan—Südsibirischer Gürtel bezeichnet werden kann. Dieser ist ein Teil der bekannten zentralasiatischen orogenen Zone. Einige Wissenschaftler gliedern ihn als einen Gürtel der mesozoischen und känozoischen Gewölbeschollenhebungen und auch als ein Gebiet der autonomen Aktivierung aus (SCHTSCHEGLOW 1968). Seine Lage ist im Schema der Abb. 1 angegeben. Hierbei wurden die Angaben zahlreicher Wissenschaftler berücksichtigt, z. B. solche über die Lage der im Mesozoikum und Känozoikum aktivierten Gebiete (BELOUSOW 1954; BOGOLEPOW 1967; SCHTSCHEGLOW 1968; RADKEWITSCH 1967 u. a.), über den Bau des Mediterranen Gürtels (TWALTSCHRELIDSE 1964; DSOZENIDSE & TWALTSCHRELIDSE 1968; MILANOWSKIJ & CHAIN 1968 u. a.), über den Bau des Pazifischen Gürtels (RADKEWITSCH 1967 u. v. a.). Weiterhin wurde die Tektonische Karte Eurasiens unter der Redaktion von A. L. JANSCHIN (1966) als Grundlage verwendet.

Seit längerer Zeit ist der östliche Teil dieses Gürtels bekannt (Mongolisch—Ochotskischer Gürtel, Stanowoigebirge und der Süden des Aldanschildes, die im Mesozoikum aktiviert wurden und wo der extrageosynklinale Magmatismus und die damit verbundene Vererzung auftraten). Zur Zeit wird Material gesammelt und von K. W. BOGOLEPOW (1967) systematisiert, aus dem ziemlich klar hervorgeht, daß auch im westlichen Teil dieses Gürtels, einschließlich des Altai—Sajan-Gebiets, des Südteils von Kasachstan und des Tienschans, während des Mesozoikums wesentliche Schollenbewegungen stattgefunden haben. Sie gingen mit der Bildung von Zwischengebirgssenken einher, in denen sich ziemlich mächtige Sedimentformationen akkumuliert haben, in denen der Magmatismus (im wesentlichen der basaltoide) und eine relativ bedeutende hydrothermale Vererzung auftraten. Wie bereits gesagt, gibt es ausreichende Gründe, um gerade mit diesen Erscheinungen der mesozoischen tektonisch-magmatischen Aktivierung die Bildung einer Reihe von hydrothermalen, vor allem epithermalen und telethermalen Erzlagerstätten, darunter auch der Quecksilberlagerstätten, in Verbindung zu bringen. Fast alle Quecksilberlagerstätten des Tienschans, der Saissanzone (Kasachstan), des Altai—Sajan-Gebiets, des Baikalgebiets und Transbaikaliens befinden sich innerhalb der Grenzen des ausgesonderten Tienschan—Südsibirischen Erzgürtels.

Die faktischen Unterlagen reichen noch nicht aus, um eine metallogenetische Charakteristik für diesen Gürtel zu geben. Es zeichnen sich jedoch bereits einige allgemeine Gesetzmäßigkeiten ab. Für die östlichen Erzbezirke und Erzprovinzen sind die Seltenmetall-, Gold-, Wolfram-Molybdän- und Zinnvererzung des ersten Stadiums der Aktivierung sehr charakteristisch. Weniger weit verbreitet sind die epithermale Gold-Silber-, Antimon-Quecksilber- und Fluoritvererzung, die für das zweite Stadium der Aktivierung typisch sind (SCHTSCHEGLOW 1968). Für die westlichen Bezirke sind offensichtlich die epithermale Antimon- (Antimonit-), Arsen-(Realgar-), Quecksilber- und Fluorit-Vererzung am charakteristischsten, die für das zweite Stadium der Aktivierung (nach SCHTSCHEGLOW) typisch sind.

Der von uns ausgegliederte Erzgürtel hat natürlich nicht nur eine Quecksilber- oder Antimon-Quecksilber-Vererzung. Es ist ein metallogenetischer Gürtel mit kompliziertem geochemischem Profil, in dem Lagerstätten verschiedenen Alters und verschiedenen Typs verbreitet sind, wobei in den verschiedenen Bezirken oder Erzprovinzen unterschiedliche Kombinationen der in der Zusammensetzung und im geologischen Alter verschiedenen Erzformationen auftreten. In einigen Fällen ist deutlich zu erkennen, daß die älteren Vererzungszonen mit einer anderen Zusammensetzung durch die Zonen mit epithermaler und telethermaler Quecksilbervererzung überprägt wurden.

Eine andere nicht minder klar in Erscheinung tretende Gesetzmäßigkeit ist die Lokalisierung der Quecksilbervererzung in allen Erzprovinzen entlang den linearen Quecksilbergürteln (Zonen), deren Lage durch die regionalen Bruchzonen kontrolliert wird, besonders durch die Tiefenbruchzonen, also durch Bruchstrukturen regionalen Maßstabs, die in größerer Tiefe ansetzen und eine lange Entwicklung durchliefen (PEJWE 1945). Die Strukturen dieses Typs und die mit ihnen verbundenen Quecksilberzonen sind in einer Reihe von Fällen in den Außenzonen der Faltungssysteme, an der Grenze mit den Plattformstrukturen, Innenmassiven und Zwischengebirgssenken verteilt. Es handelt sich also um Randbrüche. Für die Lokalisierung der Quecksilbervererzung sind solche Brüche günstig, die subkrustale Tiefen erreicht haben — Brüche im Bereich des Mantels, die durch Hyperbasit- sowie durch spätere, postorogene kleine Intrusionen (Derivate des basaltoiden Magmas) begleitet werden. Besonders günstig für die Lokalisierung der Quecksilbervererzung sind in einer Reihe von Bezirken diejenigen Tiefenbruchzonen in den alten Faltungsstrukturen, die im Mesozoikum aktiviert und durch Ketten von bruchnahen, mit spätpaläozoischen und mesozoischen Schichten aufgefüllten Senken begleitet werden und manchmal geomorphologisch als Ketten von Zwischengebirgssenken (Altai—Sajan-Gebiet) ausgeprägt sind.

Die Quecksilberprovinzen der UdSSR

Die Begriffe „metallogenetische Provinzen" und „Erzprovinzen" werden in der Literatur verwendet, aber die verschiedenen Verfasser messen ihnen einen unterschiedlichen Inhalt bei. Wir sind mit MAGAKJAN (1959) der Auffassung, daß die Erzprovinzen, darunter auch die Quecksilberprovinzen, Bestandteile der metallogenetischen Provinzen sein können, obwohl es Fälle gibt, in denen diese Begriffe die gleiche Bedeutung haben. Der Rayonierung des Territoriums der UdSSR und der Abgrenzung der Quecksilberprovinzen haben wir das Schema der metallogenetischen Rayonierung der UdSSR zugrunde gelegt, das von W. I. SMIRNOW (1963) entwickelt und durch einige Präzisierungen ergänzt wurde, die vor allen Dingen Ostsibirien und den Nordosten der UdSSR betreffen. Als Quecksilberprovinzen werden nicht nur jene Gebiete ausgegliedert, bei denen die Vererzung in einer ausreichenden Konzentration, also nicht nur Erzvorkommen, sondern auch Erzlagerstätten, festgestellt wurden.

Unter Berücksichtigung der bisherigen Darlegungen können auf dem Territorium der UdSSR folgende Quecksilberprovinzen unterschieden werden (Abb. 2):

I. im Bereich des alpidischen Mediterranen Gürtels
   1. die Karpatenprovinz,
   2. die Kaukasusprovinz,
   3. Die Donezprovinz, dazu gehören auch die Bezirke des Kopet-Dag und des Kugitang im Süden Mittelasiens;

II. im Bereich des Tienschan—Südsibirischen Gürtels (Aktivierung im Meso- und Känozoikum)
   1. die Tienschanprovinz,
   2. der Bezirk Tscharsk der metallogenetischen Provinz des Saissansees,
   3. die Altai—Sajan-Provinz,
   4. die transbaikalische Provinz;

III. im Bereich des Pazifischen Gürtels
   1. die Werchojan—Kolyma-Provinz,
   2. die Provinz vom Ochotskischen Meer bis zur Tschuktschenhalbinsel,
   3. die Provinz vom Korjakengebirge bis zur Halbinsel Kamtschatka,
   4. die Primorjeprovinz,
   5. die Provinz Sachalin.

Der alpidische Mediterrane Gürtel

Für die Lokalisierung der Quecksilbervererzung haben der Mediterrane (MAGAKJAN 1959; TWALTSCHRELIDSE 1964) oder der alpidische Mediterrane Indonesische Gürtel (MILANOWSKIJ & CHAIN 1968) eine besondere Bedeutung. In diesem Bereich liegen die Quecksilberlagerstätten von Spanien (darunter auch die gigantische Lagerstätte Almadén), Algerien, Italien (Monte Amiata u. a.), von Jugoslawien (Idrija u. a.), der ČSSR und der Türkei. Wie bereits gesagt, gehört zu diesem Gürtel eine Reihe von Quecksilberprovinzen der UdSSR.

Die Karpatenprovinz

Sie umfaßt das Territorium der Karpateninnensenke, die zwischen der Faltungszone der Karpaten und dem pannonischen Innenmassiv liegt. Die Senke hat sich im Neogen, in den späten Entwicklungsstadien der Karpatengeosynklinale gebildet. Die Vererzung ist als Quecksilber-Monometall-Formation vertreten. In der Zusammensetzung der Erze ist Zinnober vorherrschend, in geringeren Mengen kommen Metacinnabaryt, Antimonit, Markasit, manchmal Realgar, außerdem die Nichterze Baryt, Quarz, Siderit und Kalzit vor. Die Vererzung ist in Brüchen und Kluftzonen lokalisiert, manchmal im Kontakt mit kleinen hypabyssischen Intrusionen von Dioritporphyren und anderen Gesteinen — Differenziaten des basischen Magmas (Lagerstätte Borkut, Bolschoj Sajan u. a.). Es zeichnet sich eine entfernte paragenetische Verbindung der Vererzung mit diesen Intrusionen ab. In anderen Fällen besteht eine Verbindung der Vererzung mit den Schlotkörpern der Explosionsbrekzien (Andesit-Basalt-Zusammensetzung). Auf Grund dieser Merkmale gehört die Quecksilbervererzung dieser Provinz zum subvulkanischen Typ. Eine paragenetische Verbindung der Quecksilber-Formation mit der Blei-Zink-, auch epithermalen Formation, die gewöhnlich räumlich von der Quecksilber-Formation getrennt ist und ihr vorangeht, ist festzustellen. Die Blei-Zink-Formation ist im Beregowsker Erzbezirk vollständig vertreten, die Quecksilber-Formation im Wyschkowsker Bezirk. Dort gibt es auch Fälle, in denen sie mit der Bildung von Polymetallvorkommen (Lagerstätte Grendesh u. a.) zusammenfällt. Es wurde festgestellt, daß das Auftreten der Erze der Blei-Zink-Formation und die nachfolgende Bildung und stellenweise Überprägung der Erze der Quecksilber-Formation durch die Einwirkung verschiedener Mengen erzführender Lösungen bedingt sind, die Unterschiede in Zusammensetzung und Temperatur aufweisen, also Derivate des komplizierten, in mehreren Stadien ablaufenden polyaszendenten Erzbildungsprozesses sind (MERLITSCH 1957, 1961). Außerdem tritt in der Karpatenprovinz die noch spätere Pliozän-Quecksilber-Mineralisation auf, die mit den basischen Vulkaniten des Wygorlat—Gutinsker Höhenzugs in Verbindung steht.

Hier ist eine Bindung der Quecksilbervererzung an die epithermale Gold-Wismut-Tellur-Vererzung (SAJZEWA 1966; MERLITSCH 1966; LASARENKO 1966; MALEJEW 1964, 1967 u. a.) festzustellen.

Die kaukasische Quecksilberprovinz

Sie gehört zu der gleichnamigen komplizierten metallogenetischen Provinz polyzyklischen Typs, die sich während des kaledonischen, herzynischen, kimmerischen und alpidischen Zyklus gebildet hat (MAGAKJAN 1959; TWALTSCHRELIDSE 1961; SMIRNOW 1963; DSOZENIDSE & TWALTSCHRELIDSE 1968 u. a.). Die Quecksilbervererzung trat in einer Reihe von strukturmetallogenetischen Zonen auf, am intensivsten im Westteil des Großen Kaukasus (Glawnyj Kaukasus) und im Kleinen Kaukasus. Die Vererzung hat neogenes Alter und ist offenbar mit den späten Entwicklungsstadien des alpidischen Geosynklinalsystems des Kaukasus verbunden. Einige Wissenschaftler unterscheiden außerdem noch eine ältere, vermutlich spätherzynische Quecksilber-Arsen-Vererzung, die im Nordkaukasus auftritt (TSCHERNIZYN 1967).

Die Quecksilberlagerstätten des Nordkaukasus gehören zu der Quecksilber-Monometall-Formation (Lagerstätte Perewalnoje, Tibskoje, Chnekskoje u. a.). Weniger verbreitet sind die Lagerstätten der Antimon-Quecksilber-Formation und der Arsen-Antimon-Quecksilber-Formation (NETREBA & PLATONOW 1961; DEMIDOWA 1964). Es zeichnet sich eine paragenetische Verbindung der Lagerstätten der Antimonerz-Formation (Zopchito), der Arsenerz-Formation (Realgar-Formation, vertreten durch die Lagerstätte Luchumi u. a.) und der Antimon-Wolframerz-Formation (Antimonit-Ferberit-Formation) ab. Die Verteilung der Quecksilberlagerstätten wird durch Brüche kontrolliert, an denen sich lineare Quecksilberzonen bilden. Sehr deutlich ist dies der Fall bei der Quecksilbervererzung in der Zone der Süddeklination und in der Abino–Gunajsker Zone, die durch regionalen, die frühalpidischen Senken begrenzenden Brüche kontrolliert werden. Im Besepsker Erzbezirk, der an die Verbindungen dieser Zonen gebunden ist, hat die Quecksilbervererzung die maximale Konzentration des Kaukasus (TSCHERNIZYN 1967). Die Beziehungen zwischen der Vererzung und dem Magmatismus sind unklar. Die Lagerstätten gehören zur telethermalen Gruppe (DEMIDOWA 1964). Im Zusammenhang damit liegen Angaben vor, nach denen eine paragenetische Verbindung der Quecksilbervererzung mit dem neogenen Vulkanismus angenommen werden kann, wofür der erhöhte Quecksilbergehalt in den Lakkolithen der Mineralwassergebiete des Kaukasus einen Hinweis bietet.

Die Quecksilbervererzung des Kleinen Kaukasus (ebenfalls neogenes Alter) ist noch klarer an solche Brüche gebunden, besonders an die Zone des Sewaner Tiefenbruchs. Sie liegt als Quecksilber-Formation vor, vor allem als Erze vom Listwenit-Typ, und ist in Verbindung mit den epithermalen Erzvorkommen der Antimon- und Arsen-(Realgar-Auripigment-Formation) Formation sowie mit Lagerstätten der Gold-Tellur-Formation zu beobachten. Dieser gesamte niederthermal-hydrothermale Komplex weist Merkmale einer Verbindung mit den kleinen Miozän–Pliozän-Intrusionen des letzten Entwicklungsstadiums der alpidischen Geosynklinale auf (MAGAKJAN 1967).

Die Donezprovinz

Unter der Donezprovinz versteht man das Territorium des Faltungsgebiets des Donezbeckens und seine nordwestlichen Ausläufer, darunter den Bachmutsker Talkessel. Hinsichtlich des tektonischen Charakters dieses Gebiets werden unterschiedliche Auffassungen vertreten. Wahrscheinlich muß man es als eine herzynische Randsenke der Russischen Tafel betrachten, die am Rand der Mediterranen Geosynklinale liegt und im späten Mesozoikum aktiviert wurde.

Die stärkste Konzentration der Quecksilbervererzung innerhalb der Donezprovinz ist als Nikitowsker Erzfeld bekannt. Ihrem Erzbestand und einigen anderen Besonderheiten nach (SACHAROW & KOROLEW 1940; NIKOLSKIJ 1959 u. a.) ist die Nikitowsker Lagerstätte eine hydrothermale Tieftemperaturlagerstätte der Quecksilber-Monometall-Formation. Die Verteilung der Vererzung wird durch Brüche und teilweise durch lithologische Besonderheiten der Nebengesteine kontrolliert. Es ist eine paragenetische Verbindung der Quecksilbervererzung des Nikitowsker Erzfeldes mit der epithermalen Blei-Zink-Vererzung der Nagolnygebirgskette zu beobachten. In den letzten Jahren wurden am Nordwestrand des Donezbeckens (Slawjanskij, Bantyschewskij und anderer Abschnitte) neue Quecksilber- und Quecksilber-Polymetallerz-Vorkommen nachgewiesen. Das Alter der Vererzung ist dadurch zu bestimmen, daß die Mineralisation an den Brüchen lokalisiert ist, die die Trias-Ablagerungen durchziehen. Viele Wissenschaftler geben dabei spätes Mesozoikum bis Kreide an (NIKOLSKIJ 1959; SKARSHINSKIJ 1968). Eine paragenetische Verbindung der Vererzung mit den kleinen Dioritporphyrit- und Andesitintrusionen spätmesozoischen Alters ist zu erkennen (NIKOLSKIJ 1959; BUTURLINOW & PANOW 1959).

Erzbezirk des Kopet-Dag

Er liegt in direkter Fortsetzung des alpidischen Mediterranen Gürtels. Im Kopet-Dag befinden sich die Quecksilberlagerstätten Kara-Elschi und Kurschurli. Sie liegen in den gefalteten Schichtenfolgen der Unterkreide. Über das alpidische Alter der Quecksilbervererzung dieses Bezirks bestehen keine Zweifel.

Kugitanggebirge

In den südwestlichen Ausläufern des Hissargebirges befindet sich die Quecksilber-Polymetall-Lagerstätte Tasatscharwa, die in den schwach dislozierten Ablagerungen des Oberen Juras liegt. Der Bezirk Kugitang befindet sich außerhalb des alpidischen Mediterranen Gürtels und kann als ein Teil des herzynischen Faltungssystems des Südtienschans angesehen werden, der im Zusammenhang mit der Entwicklung der Mediterranen Geosynklinale (CHAMRABAJEW u. a. 1964) alpidisch aktiviert wurde.

Der Tienschan – Südsibirische Gürtel

Die Quecksilberprovinz des Tienschans hat die westlichste Lage im Bereich des von uns ausgegliederten Erzgürtels und grenzt an den alpidischen Mediterranen Gürtel. Vielleicht ist gerade das die Ursache dafür, daß

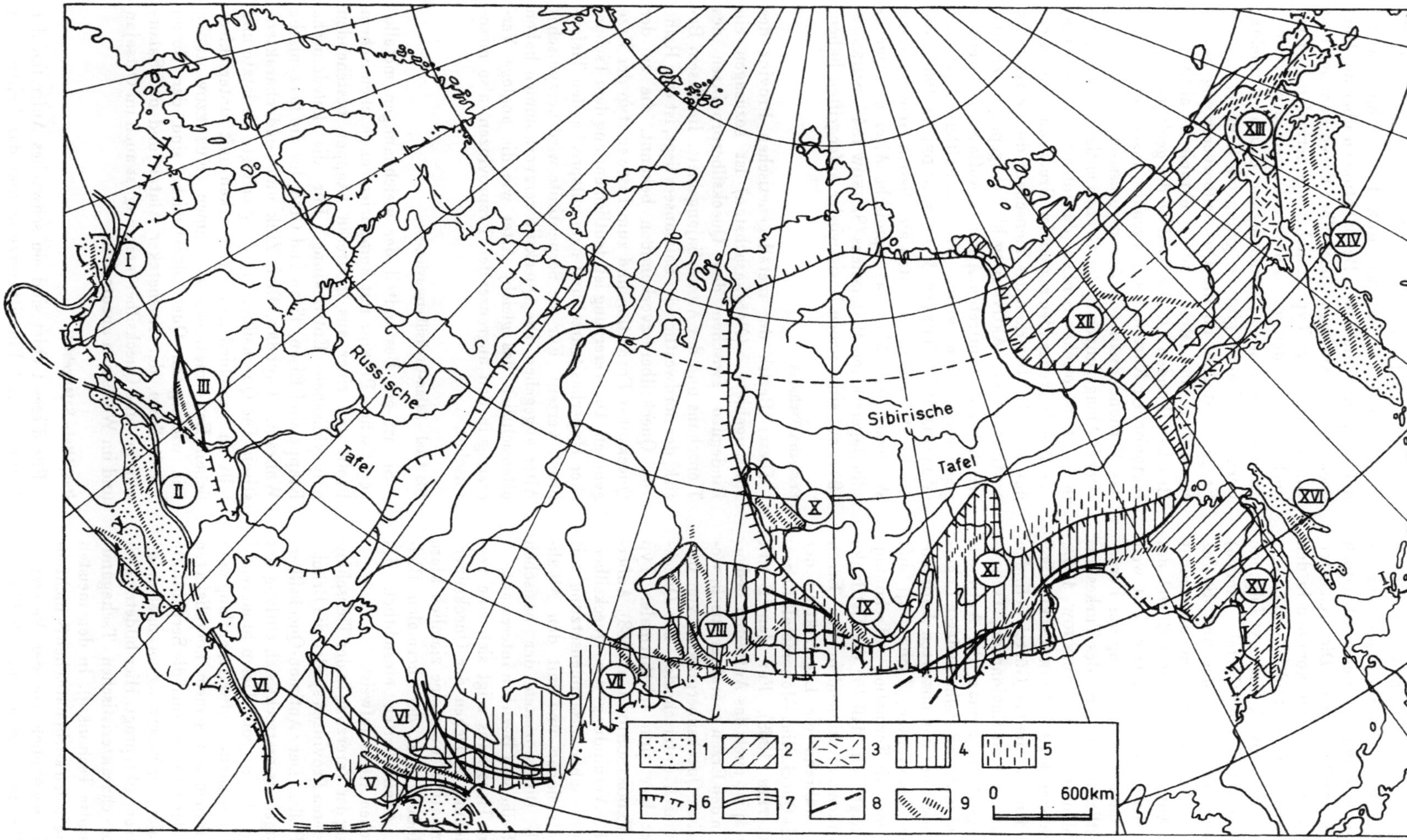

Abb. 2. Schema der Verteilung der Quecksilberprovinzen der UdSSR (zusammengestellt von W. A. KUSNEZOW)

1 – Provinzen der alpidisch gefalteten Gebiete; 2 – Provinzen der mesozoisch gefalteten Gebiete; 3 – Provinzen des mesozoischen vulkanogenen Gürtels Ochotskisches Meer–Tschuktschenhalbinsel; 4 – Provinzen der aktivierten paläozoisch und baikalisch gefalteten Gebiete; 5 – Provinzen der aktivierten Tafeln (Randhebungen, Senken, Innenmassive); 6 – Grenzen der alten Tafeln; 7 – Grenzen des alpidischen Mediterranen Gürtels; 8 – Hauptbrüche; 9 – Quecksilberzonen-Gürtel

Quecksilberprovinzen: Mediterraner Gürtel: I – Karpatenprovinz; II – Kaukasusprovinz; III – Donezprovinz; IV – Bezirk Kopet-Dag; V – Kugitang; Tienschan–Südsibirischer Gürtel; VI – Tienschanprovinz; VII – Bezirk Tscharsk; VIII – Altai–Sajan-Provinz; IX – Südbezirk der Sibirischen Tafel und Sajangebiet; X – Bezirk des Jenisseigebirges; XI – transbaikalische Provinz; Pazifische Gürtel: XII – Werchojan–Kolyma-Provinz; XIII – Provinz Ochotskisches Meer–Tschuktschenhalbinsel; XIV – Provinz Korjakengebirge–Halbinsel Kamtschatka; XV – Primorjeprovinz; XVI – Provinz Sachalin der Tienschan so reich an Quecksilber- und Antimonerzlagerstätten ist.

Die Quecksilbervererzung ist in verschiedenen metallogenetischen Strukturzonen des Tienschans verteilt. In den kaledonischen Strukturen des Nordtienschans ist eine Quecksilbervererzung bekannt, sie erreicht jedoch keine bedeutenden Konzentrationen. Die reichsten Quecksilber- und Antimonlagerstätten kommen in den herzynischen Faltungsstrukturen des Südtienschans vor, wo bereits von SCHTSCHERBAKOW & SAUKOW folgende langgestreckte Antimon-Quecksilber-Gürtel (Zonen) festgestellt wurden: die Südfergana-Zone und die Serawschan—Hissar-Zone. Am intensivsten untersucht und bekannt ist der Antimon-Quecksilber-Gürtel des Südferganagebiets, dessen Grenzen in letzter Zeit weit nach dem Westen der südlichen Einfassung des Ferganatalkessels in die westlichen Ausläufer des Turkestangebirges und des Malgusargebirges (SMIRNOW 1947; KARPOWA 1960; FEDORTSCHUK 1964; FINKELSTEIN 1969 u. a.) verschoben wurden. In diesem Gürtel befinden sich die bekannten Lagerstätten Chajdarkan, Tschauwaj, die Quecksilberlagerstätte Symap, die Antimonlagerstätte Kadamdshaj und eine Reihe anderer Lagerstätten. Sie alle gehören zu der komplizierten Antimon-Quecksilber-Formation (Chajdarkan, Tschauwaj) und der Quecksilber-Monometall-Formation (Tschonkoj, Symap u. a.). Dabei zeigt sich, daß für die Ostflanke bedeutende Antimonitkonzentrationen in den Erzen charakteristisch sind, während die Lagerstätten der Westflanke des Gürtels Quecksilber-Monometall-Lagerstätten sind (FINKELSTEIN 1969). Für den Bezirk Chajdarkan—Tschauwaj ist auch das Auftreten bedeutender Fluoritgehalte in den Erzen charakteristisch, wodurch sich die Tienschan-Quecksilberprovinz von den meisten anderen Provinzen unterscheidet. Die Quecksilbervererzung gehört hier zum telethermalen Typ (FEDORTSCHUK 1964; FEDORTSCHUK u. a. 1968). Außerdem ist die räumliche Verbindung der Quecksilbervererzung mit Gängen basischer Zusammensetzung, mit linearen Hyperbasitintrusionen und mit den Alkaligesteinen, vermutlich Differenziaten der basischen Intrusionen, in einer Reihe von Bezirken interessant.

In den Bezirken des Tienschans zeigt sich eine verwandschaftliche Beziehung zwischen der Quecksilber- und der Antimon-Formation sowie eine ziemlich klare paragenetische Verbindung mit der thermalen Blei-Zink-Vererzung, die Ähnlichkeiten hinsichtlich des Typs und des geologischen Alters aufweist.

Bei der Lokalisierung der Vererzung in der Tienschanprovinz und in den anderen Provinzen spielen die Brüche eine sehr wichtige Rolle. Der Antimon-Quecksilber-Gürtel des Südferganagebiets erstreckt sich entlang der größten Bruchstruktur, die in große Tiefen hinabreicht und eine lange Entwicklungsdauer aufweist, entlang dem Nordkatransker Randbruch mit seinem komplizierten Staffelbau. In einigen Bereichen wurden die Serpentinite durch die hydrothermalen, der Vererzung vorangehenden Prozesse in der Bruchzone überprägt. Hier bildeten sich die Listweniterze des charakteristischen Tschaganusunsker Typs (Lagerstätte Tschonkoj). In den meisten Fällen ist die Vererzung in den karbonatischen Schichtenfolgen lokalisiert, die gewöhnlich vor der Vererzung unter Bildung der für das Erzfeld von Chajdarkan charakteristischen Jasperoide verquarzt sind.

Wie bereits ausgeführt, ist das Alter der Quecksilbervererzung des Tienschans noch umstritten. Die Mehrheit der Wissenschaftler unterstützt die Auffassung, daß die Vererzung spätherzynischen Alters ist (SINIZYN 1959; POJARKOW 1955; FEDORTSCHUK 1964). Ohne Zweifel müssen jedoch die neuen Beobachtungen über die Entdeckung von Antimon-Quecksilber-Erzvorkommen und von den ihnen im Typ ähnlichen epithermalen Bleierzvorkommen in den mesozoischen Gesteinen in Verbindung mit den meso-, känozoischen Brüchen beachtet werden. Offenbar gibt es genügend Gründe, um die Frage zu stellen, ob die Quecksilbervererzung an die regionalen, im Mesozoikum tektonisch aktivierten Brüche gebunden ist. Die Analyse der geologischen und tektonischen Karten des Tienschans, insbesondere aber das Vorhandensein von Zonen jurassischer und kretazischer Ablagerungen in den Gräben entlang einigen, die meso-, känozoischen Senken (darunter auch die Ferganasenke) begrenzenden regionalen Bruchzonen beweisen, daß in vielen Bezirken des Tienschans die Prozesse der postjurassischen Aktivierung klar ausgeprägt sind und ziemlich häufig auftreten. Ähnliche Auffassungen werden gegenwärtig von vielen Wissenschaftlern vertreten (WELIKIJ 1968; TURBIN & ALEKSANDROWA 1968), die die Vorstellungen der ersten auf diesem Gebiet tätigen Wissenschaftler über das alpidische Alter der Quecksilberlagerstätten Mittelasiens (SAUKOW 1946; SMIRNOW 1947) auf einer neuen Basis wieder aufgegriffen haben.

Erzbezirk Tscharsk

Dieser Bezirk der metallogenetischen Provinz des Saissangebiets (Nordkasachstan) ist sozusagen ein Bindeglied zwischen den Quecksilberprovinzen des Tienschans und des Altai—Sajangebiets. In diesem Bezirk, der nordwestlich des Saissansees liegt, ist eine Reihe von Quecksilbererzvorkommen bekannt, die zu der Quecksilber-Formation und zum Listwenittyp der Erze gehören. Die Vererzung ist deutlich entlang dem Tscharsker Hyperbasitgürtel und dem entsprechenden Tiefenbruch verteilt. Für die Serpentinite wird herzynisches Alter angegeben. Die Quecksilbererzvorkommen haben offensichtlich das gleiche Alter wie die analoge Vererzung in den angrenzenden Erzprovinzen, also mesozoisches.

Die Altai—Sajan-Qecksilberprovinz

Sie ist ein Bestandteil der gleichnamigen metallogenetischen Provinz mit kompliziertem geochemischem Profil und einer aus mehreren Etappen bestehenden polyzyklischen Entwicklung. Für die kaledonische Etappe sind Eisen, Titan und Gold, für die herzynische Wolfram, Molybdän, Blei, Zink und Gold charakteristisch. Die Quecksilbervererzung erfolgte als letzte und fällt in verschiedenen Erzbezirken mit unterschiedlichen Erzformationen zusammen (KUSNEZOW 1967). Die wichtigsten Quecksilberbezirke sind der Gorno Altai, Tuwa, der Kusnetzker Alatau und das Salairgebirge, eine Quecksilbervererzung ist auch im Ostsajan und im Westsajan anzutreffen.

Das Altai—Sajangebiet

Für dieses Gebiet sind ein schwaches Auftreten der Antimon- und Fluoritvererzung und das Fehlen von Arsen-(Realgar-)Tieftemperaturlagerstätten charakteristisch. Die Quecksilbervererzung ist praktisch durch eine Quecksilber-Monometall-Formation vertreten. In der Zusammensetzung der Erze sind Zinnober, Pyrit, manchmal geringe Mengen von Antimonit, Metacinnabaryt, Guadalcazarit, Realgar und Auripigment vorherrschend. Es sind Sphalerit, Schwazit und Chalkopyrit anzutreffen. Ein neues, zink- und kadmiumhaltiges Quecksilbersulfid — Saukowit (WASILJEW 1963, 1966, 1968) — wurde entdeckt. Im E des Gebiets, im Vorgebirge des Ostsajans, im Bereich des aktivierten Randgebiets der Sibirischen Tafel, wurden in den fast monomineralischen Erzen der Gorchonsker Lagerstätte die Quecksilberselenide Onofrit und Tiemannit (WASILJEW 1968; WASILJEW & LAWRENTEW 1968) nachgewiesen.

Die Quecksilbervererzung wird durch Brüche kontrolliert, vor allem durch Tiefenbrüche, die das subkrustale Substrat klar erreicht haben und manchmal von Serpentinitgürteln begleitet werden. Eine besonders wichtige Rolle spielen die Randbrüche, die die spätpaläozoischen und meso-, känazoischen Senken begrenzen (KUSNEZKIJ, TUWINSKIJ u. a.). An diesen Brüchen bilden sich lineare Quecksilberzonen. Die größte von ihnen ist die Kusnezk—Altai-Zone mit ihren Abzweigungen, der Sajan—Tuwin-Zone und der Altai—Salair-Zone. An der Südostflanke der Kusnezk—Altai-Zone, im Kurajsker Bezirk, liegen die bekannten Lagerstätten Aktaschskoje und Tschaganusunskoje. Erstere gehört zum Typ der Überschiebungslagerstätten mit Erzen des Karbonat-Zinnober-Mineraltyps. Die zweite Lagerstätte liegt unmittelbar in der erzzuführenden Bruchzone unter der Abschirmung der Serpentinite und ist durch Listweniterze charakterisiert, die Ähnlichkeiten mit den Erzen der Lagerstätte Tschonkoj im südlichen Ferganabecken aufweisen.

Die Quecksilberlagerstätten des Altai—Sajan-Gebiets gehören zu den epithermalen Lagerstätten. In einer Reihe von Bezirken zeigt sich eine strukturelle und wahrscheinlich entfernte paragenetische Verbindung der Vererzung mit dem basischen Tiefenmagmatismus, der in der Form von Diabas- und Lamprophyrgangserien vorliegt. Diese wurden geochronologisch bestimmt. Ihr Alter wird als frühes Mesozoikum angegeben. Die Quecksilbervererzung erfolgte in der Mitte des Mesozoikums (Jura bis Unterkreide), obwohl diese Frage noch umstritten ist. Es bestehen auch Meinungen, daß die Quecksilbervererzung von Tuwa und des Gorno Altai devonisches, die Quecksilbervererzung des Salair silurisches Alter besitzt. Es ist zu betonen, daß die neuesten Materialien folgende Schlußfolgerung bestätigen: Die Quecksilbervererzung aller Bezirke des Altai—Sajan-Gebiets erfolgte fast gleichzeitig, hat das gleiche Alter und hängt mit der mesozoischen Aktivierung der herzynischen und kaledonischen Faltungsstrukturen dieses Gebiets, mit dem Aufleben der erzgenerierenden Herde in den Tiefenbruchzonen zusammen (KUSNEZOW & OBOLENSKIJ 1969).

Die Sibirische Tafel

Sie weist in ihrem südlichen und südwestlichen, im späten Paläozoikum, im Mesozoikum und Känozoikum aktivierten Teil (Sajanvorland, Jenisseiberge) auch eine Antimon-Quecksilber-Mineralisation auf. In den Jenisseibergen wurden in letzter Zeit einige Zinnobererzvorkommen festgestellt, die eine strukturelle Verbindung mit den bereits bekannten Antimonlagerstätten zeigen, die früher als alte, präkambrische Lagerstätten galten, darunter auch die Rasdolninsker Lagerstätte. Ein jüngeres Alter und eine Verbindung mit der Quecksilbervererzung sind jedoch nicht ausgeschlossen. Im S der Tafel und in den Vorgebirgen des Ostsajans zeigt die Quecksilbervererzung eine strukturelle und entfernte paragenetische Verbindung mit den mesozoischen Trappintrusionen. Sie hat die Magnetitskarnvererzung (STRACHOW 1968) überprägt und besitzt auch eine gewisse Verbindung mit dem frühmesozoischen (Trias) alkalisch-ultrabasischen Magmatismus.

Die Transbaikalische Quecksilberprovinz

Sie umfaßt zwei Bezirke:

1. das Baikalland mit dem Baikalischen Quecksilbererz-Gürtel, der die Keljansker Quecksilberlagerstätte im Zentralbereich des Witim-Plateaus einschließt, und

2. das östliche Transbaikalien mit dem Antimon-Quecksilber-Gürtel des Transbaikal—Amur-Gebiets, der durch das Mongolisch-Ochotskische Tiefenbruchsystem kontrolliert wird. Nach den neuesten Angaben sind die Keljansker Lagerstätte und das Erzvorkommen im Baikal-Gürtel mit der mesozoischen oder sogar känozoischen Aktivierung der alten Faltungsstrukturen und mit dem känozoischen basaltoiden Vulkanismus (IGNATOWITSCH & KANDER 1968) verbunden. Die Quecksilbervererzung des östlichen Transbaikaliens (Ust-Engisker, Nertschinsker und andere Erzvorkommen) zeigt eine strukturelle und paragenetische Verbindung mit dem Vulkanismus der Unterkreide und den epithermalen Lagerstätten der Gold-Silber-Formation (Balejsker Typ), der Fluoritformation und der eigenartigen Quecksilber-Antimon-Wolfram-Formation. Diese gesamte Reihe von verwandten epithermalen Erzformationen ist mit der im späten Kreide-Stadium erfolgten Aktivierung der kaledonischen und herzynischen Orogene in der Mongolisch-Ochotskischen Tiefenbruchzone (SCHTSCHEGLOW 1959, 1966, 1968; SIDORENKO 1968) verbunden.

Eine direkte strukturelle Fortsetzung des Transbaikalischen Gürtels im Mongolisch-Ochotskischen Tiefenbruchsystem ist der Antimon-Quecksilber-Gürtel des Amurgebiets (Dshaginsker Gürtels) (SIDORENKO 1968), der als östlichstes Glied des im Meso- und Känozoikum aktivierten Tienschan—Südsibirischen Gürtels an dessen Grenzbereich mit dem Pazifischen Erzgürtel angesehen werden kann.

Der Pazifische Erzgürtel

Es wurde bereits erwähnt, daß der Pazifische Erzgürtel für die Lokalisierung der Quecksilbervererzung eine außerordentliche Bedeutung hat. Zu ihm gehören die Quecksilberlagerstätten von Kanada, den USA, Mexiko, Peru, Chile, Neuseeland und Japan (SMIRNOW & RYSHENKO 1958, Abb. 1).

Innerhalb der UdSSR müssen folgende Quecksilberprovinzen zu dem Pazifischen Erzgürtel gerechnet werden:

Die Werchojan—Kolyma-Provinz

Sie entspricht dem gleichnamigen zwischen der Sibirischen Tafel und dem Kolymainnenmassiv gelegenen Faltungsgebiet mesozoischen Alters. Für die Metallogenie dieser Provinz sind Gold und Zinn besonders charakteristisch. Die Quecksilbervererzung ist die späteste in der Reihe der mesozoischen Erzformationen.

Es ergibt sich folgendes Altersschema der mesozoischen Erzbildungen:

a) Die frühesten Bildungen sind die Gold-Quarz- und die Blei-Zink-Erzformation, die mit den frühen Diorit-Porphyrit-Intrusionen verbunden sind (absolutes Alter ca. 115 Mill. Jahre).

b) Die Formation der borhaltigen Skarne und die Quarz-Kassiterit-Formation mit untergeordneten Mengen an Wolfram und Molybdän sind mit den Granitintrusionen verbunden (absolutes Alter 90 Mill. Jahre).

c) Vom Standpunkt der Nutzung ist die Kassiterit-Sulfid-Formation, die mit kleinen Dioritintrusionen in Zusammenhang steht (75 Mill. Jahre), am wichtigsten.

d) Schließlich treten nach den kleinen Diabasintrusionen (absolutes Alter ca. 60 Mill. Jahre) die Gold-Antimon- und die Quecksilber-Erzformation auf (IWANOW 1969). So ist die Quecksilbervererzung in dieser Provinz mit den späten Entwicklungsstadien der Faltungsgebiete verbunden. Mit ziemlicher Sicherheit kann man von einer paragenetischen Verbindung zwischen der Quecksilber-Formation und der Gold-Antimon-Erzformation sprechen und auch von einer Verbindung beider Formationen mit den postorogenen kleinen subalkalischen Basaltoidintrusionen (GALKIN 1968; OBOLENSKIJ & OBOLENSKAJA 1968). Die Annahme einer genetischen Verbindung der Quecksilbervererzung mit der Zinnvererzung (BALKIN 1968) kann nicht bestätigt werden.

Die Quecksilbervererzung ist auch hier hauptsächlich in den Tiefenbruchzonen lokalisiert und bildet lineare Zonen. Am klarsten zeichnet sich der Selennjach—Ujandinsker Quecksilbergürtel ab, der an der westlichen Einfassung des Kolymainnenmassivs liegt. Im Bereich dieses Gürtels befindet sich das Lewo—Sakyndshinsker Erzfeld mit einer Anzahl von Lagerstätten (Sewernoje, Kolytschanskoje u. a.). Für diese Lagerstätten sind die eigenartigen Gold-Antimon-Quecksilber-Erze charakteristisch, die entweder eine gesonderte Gold-Antimon-Quecksilber-Formation bilden (GALKIN 1968) oder, was wahrscheinlicher ist, das Ergebnis des Zusammenfallens der Gold-Antimon-Formation und der Quecksilber-Erzformation darstellen.

Ochotskisches Meer — Tschuktschen-Halbinsel

Als eigene Quecksilber-Formation muß offensichtlich die gleichnamige vulkanische Zone ausgesondert werden. Im Unterschied zu der obenbeschriebenen Provinz ist hier die Quecksilbervererzung räumlich und möglicherweise paragenetisch mit dem spätkretazischen Vulkanismus verbunden, wobei die Lagerstätten dem Typ nach zu den subvulkanischen gerechnet werden müssen. Ein Beispiel hierfür ist die Lagerstätte Plamennoje im Tschuktschen-(Tschaunsker)Bezirk, die an einen schichtförmigen Körper mineralisierter Liparite gebunden ist. Im Armansker Bezirk wurde die Quecksilbermineralisation in den stark alunitisierten oberkretazischen Vulkaniten und den sie durchsetzenden Andesitgängen (SPERENSKAJA 1961) festgestellt. Außerdem liegen einige Angaben vor, die nicht dafür sprechen, daß die Lagerstätten der genannten Bezirke zum subvulkanischen Typ gerechnet werden können. Besonders im Revier der Lagerstätte Plamennoje wurde festgestellt, daß die Quecksilbervererzung vor der Intrusion der Glimmerlamprophyrgänge erfolgte. Die kretazischen Liparite werden in diesem Gebiet von postoberkretazischen bis paläogenen Lamprophyrgängen durchsetzt; durch die Quecksilbermineralisation werden die Liparite und Lamprophyrgänge überprägt (OBOLENSKIJ & OBOLENSKAJA 1968). Folglich kann man nur von entfernten und ganz allgemeinen Beziehungen zwischen der Quecksilbervererzung und dem Vulkanismus sprechen. Die Zusammensetzung der Erze unterscheidet sich nicht von der Zusammensetzung der Erze der gewöhnlich monometallischen Quecksilber-Formation, obwohl zu erwarten wäre, daß auf den Lagerstätten des subvulkanischen Typs bestimmte Unterschiede aufträten. Eine charakteristische Besonderheit der Lagerstätten ist ihre Verbindung mit den Lagerstätten der epithermalen Gold-Silber-Formation und die weniger ausgeprägte Verbindung mit der Molybdän-, Blei-Zink- und der Antimonvererzung (SIDOROW 1966).

Die Korjaken — Kamtschatka-Provinz

Sie wird sehr klar als eigenständige Quecksilberprovinz ausgesondert und entspricht dem gleichnamigen alpidischen (känozoischen) geosynklinalen Faltungsgebiet, das zu der Innenzone des Pazifischen Gürtels gehört. Die Quecksilbervererzung ist hier außerordentlich weit verbreitet und profiliert zusammen mit Gold, Silber und Schwefel die Metallogenie dieses Gebiets. Die Quecksilbervererzung ist in einer Reihe von linearen Erzzonen lokalisiert. Dazu gehören die Enytschawajamsker Zone mit den Erzfeldern von Ljapganajskoje und Tawenskoje, die Oljutorsker Zone mit der gleichnamigen Antimon-Quecksilber-Lagerstätte, die Innenzone von Kamtschatka (sekundäre Quarzite) mit der Anawgajsker und anderen Lagerstätten sowie eine Reihe von anderen Zonen.

In der mineralischen Zusammensetzung der Erze unterscheiden sich die Lagerstätten dieser Provinz nicht wesentlich von denen der anderen Provinzen. Ein großer Teil der Lagerstätten und Erzvorkommen gehört zur Quecksilber-Formation, die, wie in vielen anderen Gebieten, eng mit der Antimon- und der Arsen-(Realgar-)Erzformation verbunden ist und die verwandte Arsen-Antimon-Quecksilber-Gruppe oder einen Komplex von Erzformationen bildet. In der eigentlichen Quecksilber-Formation werden die Listwenit-Zinnober-Subformation, die Quarz-Dolomit-Dickit-Subformation und die Opalit-Subformation (oder die mineralischen Erztypen) unterschieden. Eine Eigenart dieser Provinz des känozoischen oder rezenten Vulkanismus ist das Fehlen von Lagerstätten des Opalittyps, die ähnliche Züge wie die Opalitlagerstätten der USA aufweisen. Zu diesem Typ gehören die Erzvorkommen von Tschempura, Alnejskoje, Beloje u. a. (TITOW & TARASENKO 1968).

Die Arsen-Antimon-Quecksilber-Vererzung in der Korjaken—Kamtschatka-Provinz zeigt eine Verbindung mit der Gold-Silber- und der Kupfer-Molybdän-Vererzung sowie mit Lagerstätten mit gediegenem Schwefel. Die Vererzung ist an den miozänen, pliozänen und quartären Vulkanismus gebunden, wodurch auch ihr Alter bestimmt wird. In einigen Bezirken Kamtschatkas, in den heißen Quellen von Apapel, in der Nalytschaewsker Quelle und in anderen Gebieten sowie in der Caldera des Uzon wurde vor kurzer Zeit auch eine rezente Ablagerung von Arsen-Antimon-Quecksilber-Erzen nachgewiesen (PIJP 1937; SCHTSCHEGLOW 1962; NABOKO 1964). Die quartäre Erzbildung (Zinnober, Metacinnabaryt, Melnikowit, Pyrit, Markasit, Opal, Gips, gediegener Schwefel, Baryt) wurde auf den Kurilen in dem Solfatarenfeld des Vulkans Mendelejew (Insel Kunaschir) festgestellt. Die Kurilen müssen ebenfalls zum Bereich der Korjaken–Kamtschatka-Quecksilberprovinz gerechnet werden.

Die Primorjeprovinz

Als eine gesonderte Quecksilberprovinz ist zweckmäßigerweise das Territorium des mesozoischen Faltungsgebiets östlich des Burejainnenmassivs, also das Amurland und der Sichote-Alin, auszugliedern. Auf diesem Territorium ist eine bedeutende Anzahl von Antimon-Quecksilber-Erzvorkommen bekannt, von denen die Mehrzahl im Bereich der Chingan—Bureja-Erzzone, der Erzzone des westlichen und östlichen Sichote-Alin und in der Kur-Amgun-Erzzone lokalisiert ist. In den beiden letzten Zonen hat die Antimon-Quecksilber-Vererzung die Zinn-Sulfid-Vererzung und die Blei-Zink-Vererzung überprägt, wobei in einigen Quecksilbererzvorkommen (Sewernoje, Netka) ein erhöhter Zinngehalt und auf den Zinn-Sulfid-Lagerstätten ein erhöhter Quecksilbergehalt gegenüber den entsprechenden CLARKE-Zahlen festgestellt werden. In der Verteilung der Quecksilberlagerstätten ist in Beziehung zu den kretazischen Granitoidmassiven und zinnführenden Gebieten stellenweise (unter anderem im Erzbezirk Komsomolsk) eine Ähnlichkeit mit der geothermischen Zonalität zu beobachten. Auf diesen Angaben beruhen die Auffassungen, daß die Prozesse der Zinn- und Quecksilbererzbildung als eine Einheit verliefen. Diese Auffassungen müssen als nicht genügend begründet eingeschätzt werden (SIDORENKO 1968). In der Primorjeprovinz (Sichote-Alin) erfolgte die Antimon-Quecksilber-Mineralisation in zwei Etappen. Der größte Teil der Quecksilbererzvorkommen hat offensichtlich paläogenes Alter. Außerdem gibt es Anzeichen für eine spätere Pliozän-Quartär-Zinnober-Mineralisation, die mit dem basaltoiden Vulkanismus dieses Alters, einem Nachläufer der vulkanischen Prozesse auf Sachalin und den Japanischen Inseln, zusammenhängt. Diese Prozesse wurden durch die Quecksilbermineralisation begleitet (SIDORENKO u. a. 1968).

Die Provinz Sachalin

Die Insel Sachalin kann ebenfalls als eine selbständige Quecksilberprovinz ausgesondert werden. Die Quecksilbervererzung ist hier an die alpidischen Bewegungen gebunden und hauptsächlich in der Tym—Poronajsker, der West- und Ostsachalin-Quecksilberzone lokalisiert. Diese Zonen sind mit den Tiefenbruchzonen verbunden. Die Mehrzahl der Lagerstätten der Ostsachalinzone, innerhalb derer eine Gruppe von Erzvorkommen des Listwenittyps (Sewernoje u. a.) ausgesondert werden kann, gehört zu der monometallischen Quecksilber-Formation. Die Erzvorkommen der Tym—Poronajsker und der Westsachalinzone, die mit den neogenen Vulkaniten verbunden sind, zeichnen sich durch einen komplizierten Erzbestand aus (Realgar, Zinnober, Metacinnabaryt, Pyrit, Markasit, Galenit, Sphalerit u. a.) und können der Arsen-Antimon-Quecksilber-Formation zugeordnet werden. Eine paragenetische Verbindung dieser Vererzung mit der Gold-Silber- und der Polymetallvererzung, wie sie auf den Lagerstätten von Japan (ROSHDESTWENSKIJ 1968) beobachtet werden kann, ist zu erkennen.

Typen der Quecksilberprovinzen

Die Analyse der Materialien über die Quecksilberprovinzen der UdSSR gestattet unter Berücksichtigung der Literaturangaben über die Lagerstätten des Auslands die Ausgliederung einiger sehr wichtiger Typen (Haupttypen) von Quecksilberprovinzen. Dabei sind die tektonischen Verhältnisse der Erzbildung, die Beziehungen zwischen der Vererzung und dem Magmatismus und die Zusammensetzung der Erzformationen zu berücksichtigen.

Es zeichnen sich klar drei Haupttypen von Quecksilberprovinzen ab:

1. die alpidischen und mesozoischen Faltungsgebiete,
2. die aktivierten paläozoischen Faltungsgebiete und
3. die aktivierten Plattformen.

In den Quecksilberprovinzen des ersten Typs erfolgte die Erzbildung unmittelbar nach der Faltung, in den späten Entstehungsetappen des entsprechenden Faltungsgebiets. In diesen Provinzen zeigt die Vererzung gewöhnlich eine Verbindung mit dem synchronen oder etwas jüngeren Vulkanismus. Die Lagerstätten gehören zum subvulkanischen oder epithermalen Typ. Die Quecksilber-Formation, die Arsen-(Realgar-)Formation und die komplizierte Arsen-Antimon-Quecksilber-Formation sind typisch. Die Verbindung dieser Erzformationen mit den im genetischen Typ und im geologischen Alter ähnlichen Erzformationen: mit der Gold-Tellur-Wismut-Formation, der Arsen-(Realgar-)Formation, der Quecksilber-Antimon-Wolfram-Formation (Kaukasusprovinz), in anderen Fällen mit der Kupfer-Molybdän-Formation, der Gold-Silber-Formation, der Schwefelformation (Korjaken—Kamtschatka-Provinz), hin und wieder mit der Blei-Zink-Formation und der Gold-Tellur-Formation (Transkarpatenprovinz) ist ziemlich charakteristisch. In einigen Fällen bestehen paragenetische Beziehungen zwischen diesen Erzformationen, und es tritt, häufig als Ergebnis des komplizierten polyaszendenten Vererzungsprozesses, eine Erzzonalität auf.

In den Quecksilberprovinzen des zweiten Typs, in den aktivierten paläozoischen Faltungsgebieten, ist die Vererzung bedeutend später als die Faltung aufgeprägt worden. Im Ergebnis ist ein Zusammenfallen der Quecksilbervererzung mit den im Alter und im Typ verschiedenen Erzformationen zu beobachten, zu denen die genetischen Verbindungen fehlen. Ein Zusammenhang mit dem Vulkanismus besteht gewöhnlich nicht. Die Lagerstätten gehören zum telethermalen und epithermalen Typ. Manchmal ist eine entfernte paragenetische Beziehung der Vererzung zum subkrustalen Tiefenmagmatismus festzustellen. Die Quecksilber-Formation und die Antimon-Quecksilber-Formation sind charakteristisch. Gelegentlich zeichnet sich eine paragenetische Verbindung dieser Formationen mit der dem Typ nach verwandten epithermalen und telethermalen Blei-Zink-Formation, der Antimon- und Fluorit-Formation (Tienschan, Altai—Sajan-Provinz) ab. Die Erzzonalität tritt nur schwach auf.

Zu den Quecksilberprovinzen des dritten Typs gehören die aktivierten alten Plattformen (Südchinesische Tafel), die Randsenken der Plattformen (Donezbecken), die gehobenen Randmassive der alten Plattformen (Jenisseiberge, Ostsajan) sowie die Innenmassive. Die

Quecksilbervererzung ist hier immer klar ausgeprägt. Eine Beziehung zum Vulkanismus fehlt. Manchmal zeichnet sich eine paragenetische Beziehung zum subkrustalen Tiefenmagmatismus ab. Die Lagerstätten gehören zum telethermalen und epithermalen Typ. Die Quecksilber-Formation und die Antimon-Quecksilber-Formation sind charakteristisch. In einigen Fällen ist eine paragenetische Verbindung mit der gleichnamigen Blei-Zink-Formation (Donezbecken) und der Antimon-Formation (Südchina) festzustellen. Die Erzonalität ist schwach ausgeprägt oder fehlt.

Schlußfolgerungen

1. Die Materialien über die Metallogenie des Quecksilbers, die während der letzten Jahre in den verschiedenen Bezirken und Provinzen der UdSSR, unter anderem in Sibirien und im Fernen Osten, erarbeitet wurden, haben unsere in den Arbeiten von W. I. SMIRNOW bereits veröffentlichten Kenntnisse über die Gesetzmäßigkeiten der Bildung und Verteilung der Quecksilberlagerstätten bestätigt und etwas präzisiert.

2. Die überwiegende Mehrheit der Quecksilberlagerstätten hat sich in den letzten Entwicklungsstadien der Mobil- oder Faltungszonen sowie im Stadium der tektonisch-magmatischen Aktivierung der Faltungsgebiete und alten Plattformen gebildet.

3. Die wichtigste Gesetzmäßigkeit ist, daß praktisch alle Quecksilberlagerstätten der Welt im Bereich der planetaren Erzgürtel (Mediterraner und Pazifischer Gürtel) verteilt sind. Außerdem wird ein dritter Gürtel, der Tienschan—Südsibirische Quecksilbergürtel, ausgesondert, der dem gleichnamigen Gürtel der meso- und känozoischen Aktivierung und der Gewölbe- und Schollenhebungen entspricht.

4. Im Bereich dieser Erzgürtel hebt sich auf dem Territorium der UdSSR eine Reihe von Quecksilberprovinzen ab. Sie unterscheiden sich wesentlich im geologischen Bau, in den tektonischen Verhältnissen der Erzbildung, der Beziehung zwischen der Quecksilbervererzung und dem Magmatismus, der Zusammensetzung der Erzformationen, den Bedingungen der Lokalisierung der Quecksilbervererzung und anderen Besonderheiten. Es werden drei Haupttypen von Quecksilberprovinzen unterschieden:

1. alpidische und mesozoische Faltungsgebiete,
2. aktivierte paläozoische Faltungsgebiete,
3. aktivierte alte Plattformen.

Ausgliederung und Typisierung der Quecksilberprovinzen können offensichtlich ein wesentliches Element der prognostischen metallogenetischen Untersuchungen sein.

W. W. LJACHOWITSCH

Akzessorische Mineralien – Rohstoffe der Zukunft

Referiert von KURT KAUTER, Berlin

Für eine Beurteilung der Entwicklungsmöglichkeiten im Prognosezeitraum spielen die Mineralressourcen eine besondere Rolle. Jährlich wird auf der Erde ungefähr 1 km^3 mineralischer Rohstoffe gefördert. Das führt natürlich zu einer Aufzehrung der Mineralressourcen, bedingt das Suchen nach neuen Quellen und erfordert die Verbesserung der Förderungs- und Aufbereitungstechnologien.

Bei der Beurteilung der Perspektiven für die Entwicklung einer mineralischen Rohstoffbasis sind drei Hauptrichtungen zu beachten:

1. Entdeckung neuer Erzlagerstätten bereits bekannter genetischer Typen;
2. Erhöhung der Effektivität der Förderung und nachfolgenden Verarbeitung der mineralischen Rohstoffe, in erster Linie auf Kosten einer maximal komplexen Extraktion aller wertvollen Komponenten sowie auf Kosten ihrer maximal komplexen Verarbeitung;
3. Aufsuchen von Lagerstätten neuer genetischer Typen von neuen Rohstoffquellen (Erzen und Nichterzen).

Die Entwicklung einer modernen Industrie, die eine immer größere Menge seltener Elemente braucht, macht notwendig, entweder Erze von höherer Qualität zu gewinnen oder modernere Gewinnungsmethoden auszuarbeiten. Da eine Verbesserung im Metallgehalt der Erze nicht zu erwarten ist, muß die Aufmerksamkeit auf die Vervollkommnung der Abbau- und Aufbereitungsverfahren der Erze und auf die komplexe Extraktion ihrer nutzbaren Komponenten gelenkt werden.

Bekanntlich gehen bei der Aufbereitung von Eisenerzen Kupfer, Kobalt, Blei, Zink, Gold, Silber, Titan, Niob und Tantal verloren. Bei der Apatitgewinnung geht eine große Menge Sphen, Titanmagnetit und Seltener Erden ab.

Solche Verluste sind unter Berücksichtigung des Bedarfs einer modernen Industrie untragbar. Wenn von neuen Rohstoffquellen gesprochen wird, meint man einmal die Wässer des Weltozeans, zum anderen Gesteine, vor allem Eruptivgesteine. Die Vorräte der in ihnen konzentrierten mineralischen Rohstoffe sind sehr groß, doch ist ihre Aufbereitung sehr kompliziert.

Was die Elementgehalte der Ozeane angeht, so ist in letzter Zeit genügend Material hierüber veröffentlicht worden. Es braucht an dieser Stelle nicht wiederholt zu werden. Bezüglich der ozeanischen Seifenlagerstätten liegt das Problem darin, eine möglichst komplexe Extraktion aller wertvollen Komponenten zu erhalten.

Bei den Eruptivgesteinen (besonders den Granitoiden) werden z. Z. insgesamt nur 1—3 Komponenten (Feldspat, Quarz und Glimmer) genutzt, während sie eine ganze Reihe der verschiedenartigsten Minerale seltener Elemente enthalten, die die moderne Industrie und Technik in großen Mengen benötigen. Zum Beispiel ent-

Wortlaut des Originaltitels. Mineralnoje syre buduschtschego. Aus. Priroda, Nr 6 (1970), S. 26 – 29. Übers. K. NIEMANN, Berlin.

hält allein 1 km³ gewöhnlichen Granits 980000 t Seltener Erden, 112000 t Lithium, 84000 t Niob, 28000 t Molybdän, 10000 t Uran usw. Das Granitmassiv von Conway beispielsweise enthält 3 Mill. t metallisches Thorium bis in eine Teufe von 30 m.

Seltene Elemente treten gewöhnlich dispers und mit sehr niedrigen Gehalten in der Erdkruste auf. Gegenüber den Durchschnittsgehalten von Aluminium oder Eisen mit ungefähr 7,7 und 2,7% betragen die für Skandium 0,001%, für Cäsium 0,0003%, für Tantal 0,0002% u. a. m. Die wachsende Nachfrage in der lezten Zeit nach ihnen ist so groß, daß ihre bekannten Lagerstätten sie in Zukunft kaum werden decken können. Deshalb werden derzeit Sucharbeiten nicht nur auf neue Lagerstätten bekannter Typen durchgeführt, sondern auch im Hinblick auf Gesteine, die, ähnlich dem Meerwasser, ein Reservoir großer Mengen seltener Elemente darstellen.

Bis heute wurden in den Eruptivgesteinen, hauptsächlich in den Granitoiden, bis zu 89 verschiedene akzessorische Minerale festgestellt, die als Oxide, Sulfide, Fluoride, Niobate, Molybdate, Phosphate, Wolframate, Silikate, gediegen und in anderen Modifikationen vorliegen.

Neben den gesteinsbildenden Mineralen sind gewöhnlich in einer Größenordnung von ungefähr 0,5% des Gesamtvolumens akzessorische Minerale der verschiedensten Erze und seltenen Elemente (Uran, Thorium, Tantal, Niob, Seltene Erden, Zirkon, Lithium, Beryllium, Wolfram, Molybdän und Zinn) in den Graniten vorhanden.

Nachstehende Tabelle vermittelt einen Überblick:

Durchschnittsgehalte einiger Minerale seltener und Erzelemente in den Granitoiden

Minerale	Gehalt in g/t	Elemente
Magnetit	2990	Fe
Sphen	910	Ti
Apatit	500	P
Ilmenit	390	Ti, Fe
Zirkon	140	Zr
Granat	140	Y, Sc
Pyrit	90	Fe
Orthit	56	TR
Monazit	32	TR
Tantal-Niobate	13	Nb, Ta
Spodumen	10	Li
Chalkopyrit	5	Fe, Cu
Molybdänit	4,5	Mo
Thorit	2,5	Th
Xenotim	1,6	Y
Sphalerit	1,3	Zn
Scheelit	1,3	W
Uraninit	0,8	U
Galenit	0,8	Pb
Kassiterit	0,2	Sn

Die akzessorischen Minerale spiegeln durch ihre geochemischen Besonderheiten den Grad der Kontaminierung mit verschiedenen Erden und seltenen Elementen wider. Da ein und dasselbe Element verschiedene Verbindungen als Minerale bildet, ist natürlich die Varietätenvielfalt der akzessorischen Minerale ein empfindlicher Indikator für die Eigenart der Bildungsbedingungen von Massiven eruptiver Gesteine. Die Besonderheiten ihrer Zusammensetzung und ihres Gehalts weisen ebenfalls auf den Unterschied in der chemischen Zusammensetzung und auf die potentielle Erzführung der Gesteine hin. Ohne Übertreibung kann man sagen, daß eine vollständige und qualifizierte Untersuchung der magmatischen Komplexe nicht durchgeführt werden kann ohne die genaue Untersuchung der akzessorischen Minerale.

Die akzessorischen Minerale sind nach ihrer Genesis und Zusammensetzung verschiedenartig. Viele von ihnen bestehen aus seltenen Elementen. Man kann in grober Gruppierung folgende unterscheiden:

1. Minerale seltener und radioaktiver Elemente: Nb und Ta (Columbit, Tantalit), TR (Monazit, Xenotim, Orthit), TR und U (Thorit und Uraninit), Zr (Zirkon), Be (Beryll), Li (Amblygonit, Spodumen) usw.
2. Minerale von Erzelementen: Sn (Kassiterit), W (Wolframit, Scheelit), Mo (Molybdänit), Pb (Galenit), Zn (Sphalerit), Hg (Zinnober), Bi (Wismutin) u. a.
3. Minerale von Nichterzelementen: Ca und Al (Epidot, Granat), Al (Sillimanit), B (Turmalin), F (Fluorit, Topas) u. a.

Die Untersuchung der akzessorischen Minerale in Eruptivgesteinen führte zu zwei wichtigen Schlußfolgerungen. Erstens wurde festgestellt, daß die meisten Elemente, ungeachtet ihres äußerst unbedeutenden prozentuellen Anteils im Gestein, eigene Minerale bereits im Magma bilden; zweitens wurde beobachtet, daß sie eine unmittelbare Beziehung zur Erzführung der Gesteine haben. Außerdem ist es möglich geworden, die Sucharbeiten auf Seifenlagerstätten von Mineralen seltener Elemente zielgerichteter vorzunehmen und, was besonders wichtig ist, Varietäten der Gesteine auszusondern, die die Minerale der seltenen Elemente in solchen Mengen enthalten, die den industriellen Forderungen (Konditionen) entsprechen.

In Abhängigkeit von der Schwankung im Gehalt der gesteinsbildenden Minerale in Granitoiden rechnet ein Gestein zu einer bestimmten Varietät. Ungeachtet der außerordentlich starken Verbreitung der Granitoide, blieb ihre vollständige Mineralzusammensetzung lange Zeit nur schwach untersucht. In erster Linie betrifft das ihren Gehalt an akzessorischen Mineralen. Ihre verschiedenartigsten chemischen Verbindungen geben den Wissenschaftlern wertvolle Informationen für die Erörterung der Besonderheiten, der Entstehung, Bildung und Erzführung eines Granitoids.

Am weitesten verbreitet sind die Akzessorien Zirkon, Apatit, Orthit, Magnetit, Pyrit, Epidot, Ilmenit, Sphen, Rutil, Fluorit, die fast immer in den Granitoiden anzutreffen sind. Gleichzeitig sind es Minerale, wie Uraninit, Bastnäsit, Spodumen, Beryll, Amblygonit, Fergusonit, die seltener auftreten und dann vorzugsweise in veränderten Granitoidvarietäten.

Umseitiges Schema veranschaulicht eine Trennung der gesteinsbildenden Minerale von den akzessorischen.

Die Anhäufung von industriell interessanten Mengen an akzessorischen Mineralen in den Granitoiden gibt die Möglichkeit für das Aufsuchen von Lagerstätten anderer Minerale der seltenen Elemente des analogen Typs. Bekanntlich werden bei der Verwitterung der Granite die gesteinsbildenden Minerale gewöhnlich zerstört, während sich ein Teil der akzessorischen Minerale ansammelt und die Grundlage zur Entstehung von Zirkon-, Monazit-, Ilmenit- und anderen Seifenlagerstätten gibt. Deshalb bildet beim Aufsuchen von Seifenlagerstätten der Nachweis von Gebieten eine große Hilfe, innerhalb deren Gesteine entwickelt sind, die eine erhöhte Menge derartiger Minerale enthalten. Dazu ist es notwendig, daß sich die Besonderheiten der Mineralzusammensetzung in der Gesteinsbenennung widerspiegelt.

Prinzipielles Schema der Abtrennung von gesteinsbildenden und akzessorischen Mineralen aus den Granitoiden

Granit, Zerkleinerung, Abtragung	
Gesteinsbildende Minerale (leichte)	Akzessorische Minerale (schwere)
Flotationsmethoden der Abtrennung	Gravitations- und elektromagnetische Methoden der Abtrennung
Glimmer Elektronik	Minerale Ta und Nb Columbit, Euxenit, Tantalit, Mikrolith
Feldspäte Keramische Industrie	Minerale TR Monazit, Xenotim, Orthit
Quarz Glasindustrie	Minerale Li und Be Amblygonit, Spodumen, Beryll, Bertrandit
	Minerale U und Th Uraninit, Thorit
	Minerale Zr Zirkon, Malakon

Als Beispiel von Gehalten, die die Anwendung einer speziellen Terminologie erlauben, gibt es bei Graniten folgende:

Monazitgranit — Gehalt des Monazits	20 g/t
Xenotimgranit — Gehalt des Xenotims	8 g/t
Orthitgranit — Gehalt des Orthits	195 g/t
Uraninitgranit — Gehalt des Uraninits	4 g/t
Thoritgranit — Gehalt des Thorits	7 g/t
Zirkongranit — Gehalt des Zirkons	240 g/t

Granite mit erhöhtem Gehalt an Mineralen seltener Elemente sind als ein komplexer Rohstoff anzusehen, dessen Nutzung in gewissen Fällen ökonomisch vorteilhaft sein kann. Einige Varietäten sonst uninteressanter Gesteine, insbesondere solche, die einer Veränderung unterworfen waren, können auch industriell wichtige Konzentrationen einer Reihe von Mineralen der seltenen Elemente aufweisen. Als Beispiel dienen die verwitterten Granite von Brasilien, die auf Tantal und Zinn abgebaut werden (Tantalit, Kassiterit); lateritisierte Granite der Sierra Leone dienen als Ausgangsstoff für Seltene Erden (Monazit); die Albitgranite Nigeriens enthalten in industriell verwertbaren Mengen Niob in Form von Columbit; die Granatgranite Indiens sind reich an Uran und Yttrium (Uraninit, Fergusonit); Granite mit erhöhten Gehalten der Minerale an Be (Beryll und Bertrandit), Li (Amblygonit, Spodumen) usw. Hierbei ist es wichtig festzustellen, daß in den vergangenen 20—30 Jahren viele Minerale seltener Metalle aufgehört haben, nur das Objekt für ausgefallene spezielle Untersuchungen zu sein. Es ist beispielsweise interessant zu wissen, daß bis zu den 30er Jahren Minerale wie Beryll und Columbit und bis zu den 50er Jahren Pyrochlor und Bastnäsit von der Industrie praktisch nicht genutzt wurden.

Die Entwicklung von hocheffektiven modernen Aufbereitungsmethoden gewährleistet eine selektive Extraktion der Minerale verschiedener Elemente aus den Gesteinen, darunter auch der seltenen Elemente. Ihre komplexe Nutzung wird in erheblichem Maße eine derartige Gewinnung rentabel machen, und die praktisch unerschöpflichen Vorräte dieser Minerale im Gestein erlauben, sie als die wahrscheinlichsten mineralischen Rohstoffe der Zukunft anzusehen.

W. W. SCHTSCHERBINA, UdSSR

Das Problem der Geochemie der seltenen Elemente

(Referiert von WOLFGANG OESTREICH, Berlin)

Das Problem der Geochemie der seltenen Elemente besteht darin, allseitig die Bedingungen zu untersuchen, bei denen eine Anreicherung in natürlichen Objekten erfolgt, wobei diese sowohl in selbständigen Mineralien des betreffenden seltenen Elements als auch durch Bildung höherer Konzentrationen in einem fremden Wirtsmineral vonstatten gehen kann. Diese Bedingungen entstehen in einem bestimmten geologischen Milieu; daher hat das genannte Problem auch einen regionalen (metallogenetischen) Aspekt.

Im Hinblick auf die kristallchemischen Eigenschaften lassen sich bei den seltenen Elementen zwei Gruppen unterscheiden:

1. sich leicht konzentrierende Elemente; 2. disperse Elemente, die kaum eigene Mineralien bilden. Sich leicht konzentrierende Elemente sind z. B. Zr, Be und W, disperse Elemente Cd, In, Ga, Tl, Ge, V und Re. Die Fähigkeit zur Dispersion bedingte zu einem erheblichen Grad den Begriff der „Seltenheit" eines Elements, obgleich der Durchschnittsgehalt vieler seltener disperser Elemente höher ist als der Gehalt häufiger anzutreffender Elemente.

Die Zuordnung der Elemente zu den seltenen ist umstritten. Sie hängt von den Fortschritten der chemischen Technologie und der allgemeinen Verbreitung in der Natur ab. Vanadium ist heute aus der Liste der seltenen Elemente gestrichen, während man Wismut, trotz der Bildung eigener Mineralien, infolge seines geringen mittleren Gehalts in der Erdkruste immer häufiger zu den seltenen Elementen rechnet. Es wird immer schwieriger, zwischen den seltenen und den nichtseltenen Elementen eine deutliche Grenze zu ziehen. Als Kriterium der „Seltenheit" hatte W. W. SCHTSCHERBINA die vorbehaltliche Grenze von 0,001% des mittleren

Aus: „Geochimija", No. 4, 1970, 439—445 (russ.).

Gehalts in der Erdkruste vorgeschlagen, wobei allerdings hier auch Elemente erfaßt werden, die traditionsgemäß, trotz ihres geringen Gehalts in der Erdkruste, nicht zu den seltenen Elementen gerechnet werden (Ag, As u. a.).

Während für die Konzentrierung der nichtdispersen seltenen Elemente (Be, Nb, Zr, Ce u. a.) Vorgänge der Kristallisationsdifferentiation, die zur Akkumulation der meisten Elemente in den eutektoiden Restschmelzen (den Pegmatiten) oder in pneumatisch-hydrothermalen Bildungen führen, die Hauptrolle spielen, kommen für die Konzentration der dispersen Elemente andere Faktoren in Betracht. Es sind z. B. Vorgänge der Trennung isomorpher Gemenge, die zu einer Beschränkung der isomorphen Mischbarkeit führen; für nichtstrukturierte Gemische, wie für Uran in Feldspäten oder Beryllium in Fluoriden, spielen Auslaugungs- und Umkristallisierungsprozesse eine sehr große Rolle. Solche Vorgänge führen u. a. zur Bildung großer Au- und Pt-Nuggets; diese Elemente sind in den ihnen kristallochemisch fremden Mineralien offensichtlich als nichtstrukturierte Beimengungen enthalten.

Hauptform des Vorkommens disperser Elemente bleibt aber trotzdem ihr isomorpher Eintritt in die Kristallgitter von Mineralien kristallchemisch ähnlicher Elemente, die weit verbreitet sind.

Der Gehalt eines gegebenen Elements wird durch folgendes bestimmt: 1. davon, ob das interessierende Element innerhalb der Region (geochemischen Provinz) in erhöhten oder herabgesetzten Konzentrationen vorhanden ist; 2. davon, ob das entsprechende Stadium des geochemischen Prozesses für die Konzentrierung des Elements optimal ist; 3. vom quantitativen Verhältnis der anderen chemischen Elemente, die in dem zu betrachtenden natürlichen physikochemischen System anwesend sind.

Bei der Durchsicht einer großen Zahl von Titanomagnetitanalysen aus dem Ural ergab sich z. B. die Beobachtung, daß höhere FeO- und MgO-Gehalte die Konzentrierung von Vanadium in diesem Mineral begünstigen, während höhere MnO-Konzentrationen den entgegengesetzten Effekt zeigten (Mangan in höheren Konzentrationen setzt auch in den Olivinen den Gehalt an dispersem Nickel herab). Von Interesse ist auch die „Mittlerrolle", die manche Begleitelemente für den Eintritt weiterer Spurenelemente übernehmen. Das in die Sulfide eintretende Selen z. B., das infolge der im Vergleich zu Schwefel größeren Abmessung seiner Atome das Gitter weitet, erleichtert damit den Eintritt der noch größeren Telluratome. Experimentell wurde diese Beobachtung von A. J. MALEWSKI am System PbS—PbSe—PbTe bewiesen.

Sphalerit ist ein weiteres Beispiel dafür, daß die Leitelemente (die isomorphen Makrobeimengungen, wie Fe) in diesem Mineral die Zusammensetzung der Mikrobeimengungen bestimmen. Wenn man die stark schwankende Zusammensetzung der Sphalerite in dem Dreikomponentensystem ZnS–FeS–MnS darstellt, kann man in diesem Diagramm Bereiche höchster Cd-Gehalte (meist eisenfreie Sphalerite), höchster In-Gehalte (Sphalerite mit viel Fe und Mn), höchster Ga-Gehalte (Sphalerite mit mittlerem Eisengehalt) und höchster Tl-Gehalte (Sphalerite mit wenig Fe) angeben.

Eine Mikrobeimengung kann auch akkumuliert werden, wenn das zu verdrängende Element in einer im Vergleich zur Norm herabgesetzten Konzentration vorliegt und dieser Mangel durch andere ähnliche Elemente, darunter auch seltene, ausgeglichen wird. So ist z. B. in agpaitischen Gesteinen der Galliumgehalt im Nephelin größer als in miaskitischen Gesteinen, d. h. Gesteinen, in denen Al nicht in herabgesetzten Konzentrationen vorliegt.

In Apatiten, die in Medien entstehen, in denen gegenüber dem Phosphatanion ein Kalziummangel vorliegt, wird letzteres durch Strontium kompensiert, obgleich vom Gesichtspunkt der Gitterenergie diese Substitution ungünstig ist. Diese Erscheinung wird als Kompensationsisomorphie bezeichnet.

Die als Mikrobeimengungen in den Kristallgittern von Trägermineralien anwesenden seltenen Elemente können als originelle geochemische Indikatoren aufgefaßt werden. Ein Beispiel dafür ist das Selen, dessen Anwesenheit in Sulfiden hydrothermaler Lagerstätten kennzeichnend ist, während es in sedimentären Sulfiden praktisch fehlt. Der Grund ist darin zu suchen, daß das Selen bei der Oxidation schwerlösliche Selenite bildet. Unter besonderen geochemischen Verhältnissen existiert aber auch eine spezifische sedimentäre Selenitformation (Kupferselenide in devonischen Sandsteinen).

In manchen Fällen geben auch die Verteilungsart eines seltenen Elements sowie die Kombination mit anderen Hinweise auf die Genese. N. G. SRETENSKAJA konnte zeigen, daß in pegmatitischen Mikroklinen der ersten Generation das Rubidium lognormal verteilt ist. Das deutet auf ihre unmittelbare Kristallisation aus einer Schmelze oder Lösung (in diesen Mikroklinen sind außerdem Thallium und Blei in größerer Konzentration vorhanden). Im metasomatisch entstandenen, ein Umkristallisationsprodukt darstellenden Mikroklin der zweiten Generation ist die Verteilung des Rubidiums nicht mehr lognormal, und die Gehalte an Thallium und Blei gehen stark zurück.

Als geochemische Indikatoren können auch die quantitativen Beziehungen zwischen seltenen Elementen betrachtet werden, besonders von solchen mit ähnlichen chemischen Eigenschaften (Rb:Cs; Hf:Zr, Nb:Ta u. a.).

Aus den Konstanten ihrer sauren und basischen Differentiation leitet W. W. SCHTSCHERBINA dann ab, daß trotz sehr ähnlicher chemischer Eigenschaften infolge der Unterschiede in den Dissoziationskonstanten Niob in alkalischen, Tantal aber in granitoidischen Gesteinen angereichert wird. Eine interessante Besonderheit vieler seltener Elemente besteht in ihrer Fähigkeit, karbonatische Verbindungen zu bilden und, im Gegensatz zu Ca, Mg, Fe und Mn, vorwiegend Komplexverbindungen einzugehen.

W. W. SCHTSCHERBINA & W. A. KIRKINSKI untersuchten das Verhalten der seltenen Elemente bei hohen Drücken. Mit Erhöhung des Drucks werden vorwiegend Elemente mit kleinem Ionenradius akkumuliert. Seltene Elemente mit großen Ionen (U, Th, TR, Nb, Ta, Zr, Hf, Mo, W, Rb, Cs) hängen im wesentlichen mit Graniten zusammen, d. h. mit den oberen Teilen der Erdkruste (in Graniten akkumulieren sich auch Elemente mit den kleinsten Atomen, wie Li, Be, B). Mit basischen Gesteinen stehen Elemente mit mittlerem Ionenradius im Zusammenhang, wie Sc und das dreiwertige Vanadium. In basischen Gesteinen, denen man eine Entstehung aus dem Erdmantel zuschreibt, dominieren bei merklich herabgesetzten Gehalten der TR die Yttererden (mit kleinen Atomabmessungen) gegenüber den Cererden (mit großen Atomabmessungen), während in den oberen Teilen der Lithosphäre das entgegengesetzte Bild zu beobachten ist.

Redoxprozesse spielen eine sehr wesentliche Rolle bei der Konzentration und Dispersion der Elemente; dies gilt gleichermaßen auch für die seltenen Elemente. Von den 35 Elementen, die an den Redoxreaktionen der Erdkruste teilnehmen, sind nicht weniger als 10 (V, Ge, Se, Mo, Te, Ce, W, Re, Tl und U) seltene Elemente, wobei so wenig verbreitete Elemente wie Ag, Au, die Metalle der Platingruppe, Hg, Bi, Sb und Sn und einige andere hier nicht einbezogen wurden.

Mit der Veränderung der Wertigkeit eines Elements ändert sich auch wesentlich die Löslichkeit seiner Verbindungen. Bei höheren Oxidationsgraden werden VO_4^{3-}, MoO_4^{2-}, TeO_3^{2-} und TeO_4^{2-} dann konzentriert, wenn fällende Kationen (Pb^{2+}, Fe^{3+}, Bi^{3+}, Cu^{2+} und z. T. Ca^{2+}) anwesend sind; in schwach sauren Lösungen erfolgt Migration und Dispersion.

Das reduzierende Medium ist für die Konzentrierung der meisten seltenen Elemente günstig, während für viele „häufige" Elemente — Eisen, Mangan, Kobalt, Nickel, Titan und Blei — das oxidierende Medium für eine Konzentrierung günstiger ist. Beispiele: Die leicht lösliche Vanadiumsäure und Molybdänsäure werden reduziert bis zu V^{3+} (Monroseit — $VO \cdot OH$) und Mo^{4+} (MoO_2-Hydrate). Die leicht löslichen Ge^{4+}-Verbindungen gehen in schwer lösliche Ge^{2+}-Verbindungen über; ReO_4^- und UO_2^{2+} fallen als ReO_2 und UO_2 aus. Selen in den Kohlen tritt gediegen auf, oder es bildet in Gegenwart von Schwermetallkationen Selenide; aber: Fe^{2+} $FeO \cdot OH$ (Ausfall von Eisenhydroxiden aus den Lösungen); Mn^{2+} MnO_2 (Absatz von Pyrolusit); Pb^{2+} PbO_2 (Bildung von Plattnerit). Nach dem gleichen Schema erfolgt im alkalischen Medium die Oxidation von Tl^+ unter Bildung des Minerals Avicennit (Tl_2O_3), während Ce^{3+} zum stärker hydrolysierenden Ce^{4+} (Ausfallen von Hydrooxiden) oxidiert wird und die (WO_4^{2-})-Ionen durch Kalke ausgefällt werden.

Nach W. W. SCHTSCHERBINA erfolgt eine Konzentrierung des Urans unter oxidierenden Bedingungen dann, wenn es Mineralien mit Schichtgittern bildet, deren Schichten als komplexe Uranovanadat-, Uranophosphat- oder Uranoarsenatanionen betrachtet werden können und als Kationen die leicht austauschbaren Elemente Ca^{2+}, K^+, Cu^{2+}, Pb^{2+} und Ba^{2+} auftreten.

Die Sauerstoff-Schwefel-Gleichgewichte spielen für die Konzentration der seltenen Elemente ebenfalls eine große Rolle. In der Regel sind die Sulfide weniger löslich als die entsprechenden Sauerstoffverbindungen; ein Übergang dieser Elemente in die sulfidische Form begünstigt daher ihre Akkumulation. Jedoch muß noch berücksichtigt werden, daß bei Einwirkung alkalischer sulfidischer Lösungen eine Reihe von Sulfiden der seltenen Elemente in Form leichtlöslicher Thiosalze in Lösung geht, z. B. Na_2MoS_4, Na_3VS_4, $KReS_4$, K_2GeS_3 u. a. In Abhängigkeit vom pH-Wert des Mediums, der S-Konzentration, der Temperatur und möglicherweise des Drucks kann sich das Gleichgewicht

$$M_nO_m + m\,H_2S \leftrightharpoons M_nS_m + m\,H_2O$$

(oder statt H_2S dementsprechend NaSH oder Na_2S) sowohl nach links als auch nach rechts stark verschieben.

Die am stärksten thiophilen Elemente sind Cadmium, Molybdän und Rhenium; in oxidischer Form ist Molybdän in den gesteinsbildenden Mineralien dispergiert; in den granitoidischen Gesteinen tritt es besonders im Plagioklas auf; etwas geringer ist sein Gehalt im Biotit. Konzentriert treten die genannten Elemente in Form von Sulfiden auf.

Die geringsten thiophilen Eigenschaften haben Wolfram und Vanadium, die nur in Ausnahmefällen sulfidische Mineralien bilden. Ga, In, Tl und Ge nehmen eine Zwischenstellung ein. Ga ist davon am wenigsten thiophil: In hydrothermalen polymetallischen Lagerstätten ist der Galliumgehalt im Sphalerit geringer als in den in der Paragenese auftretenden Mineralien Chlorit und Serizit. Die Hauptmenge des Galliums liegt zweifellos in disperser Form in den Alumosilikaten vor; aber bei hoher Sulfidkonzentration (und hoher Alkalität?) nimmt seine Konzentration im Sphalerit zu. Das 1959 entdeckte Mineral Gallit — $CuGaS_2$ — ist ein sehr seltenes Mineral.

Obwohl für Thallium eine Reihe sulfidischer und selenidischer Mineralien bekannt sind, wie Lorandit ($TlAsS_2$), Vrbait ($Tl_4Hg_3Sb_2As_8S_{20}$), Hatchit [$(Pb, Tl)_2AgAs_2S_5$], Hutchinsonit [Ag_2 (Pb, Tl) As_5S_{10}], Chalkothallit (Cu_3TlS_2) und Crookesit [$(Cu, Tl, Ag)_2Se$], es ferner in merklichen Mengen im Sphalerit, im Markasit und in Kupfersulfiden enthalten ist, liegt doch die Hauptmenge des Thalliums in disperser Form in den Glimmern, im Mikroklin u. a. vor.

Als aktuelle Aufgaben zur weiteren Erforschung der Geochemie der seltenen Elemente betrachtet W. W. SCHTSCHERBINA die folgenden:

1. allseitige Untersuchung der Verteilung der seltenen Elemente in den verschiedenen Mineralien und Gesteinen, um sowohl die positiven als auch die negativen Bedingungen für ihre Konzentration zu ermitteln;

2. Verwendung der seltenen Elemente und der quantitativen Verhältnisse zwischen ähnlichen Elementen als geochemischen Indikatoren zur Charakterisierung der Mineralbildungsverhältnisse (Temperatur, Druck, Alkalität oder Azidität des Mediums, Redoxsituation) und der regionalgeochemischen (metallogenetischen) Besonderheiten;

3. Verwendung der seltenen Elemente bei der Bestimmung des Alters fossilleerer sedimentärer Folgen.

Asche- und Müllkippen und ihre Auswirkungen auf das Grundwasser

DIETER SCHRÄBER, Freiberg (Sa.)

(Mitteilung aus dem VEB Hydrogeologie)

1. Einleitung

Die Beseitigung von Asche und Müll wird schon in naher Zukunft zu einem ernsten Problem, dessen Lösung eine komplexe Zusammenarbeit von Kommunalpolitikern, Hygienikern, Wasserwirtschaftlern und Geologen erfordert. Leider muß immer wieder festgestellt werden, daß Asche und Müll an dafür ungeeigneten Stellen, wie zum Beispiel in Sandgruben oder in Steinbrüchen mit stark klüftigen Gesteinen, in der Nähe von Siedlungen und Wasserfassungen usw., abgelagert werden, wodurch schwerwiegende Störungen im Grundwasserchemismus auftreten können. Verf. wurde seit Jahren mit zahlreichen Fällen von Grundwasserverunreinigungen durch Asche- und Müllkippen konfrontiert, die beweisen, daß meist ohne die erforderliche Sorgfalt an die Lösung dieses Problems herangegangen wird. Daher soll ein besonders bemerkenswertes Beispiel veröffentlicht werden, um auf die Wichtigkeit des Schutzes unseres Grundwassers vor Verunreinigungen durch Asche- und Müllkippen hinzuweisen.

2. Allgemeiner Überblick

Das Gebiet von Karl-Marx-Stadt ist seit mehr als 100 Jahren als industrielles Ballungszentrum bekannt. Die Stadt und ihre Umgebung werden überwiegend aus Talsperren mit Trinkwasser versorgt. Anders liegen die Verhältnisse bei der Versorgung der zahlreichen Industriegebiete mit Brauchwasser. Hier stützen sich die meisten von ihnen auf eigene Tiefbrunnen, deren es zur Zeit mehrere Dutzend im Stadtgebiet gibt. Zum Teil wurden sie bereits um die Jahrhundertwende gebohrt und haben mitunter in ihrer Leistung nur wenig nachgelassen. Östlich von Karl-Marx-Stadt, auf dem Beuthenberg im Zeisigwald, ging um die Jahrhundertwende ein intensiver Steinbruchbetrieb um. Es wurde ein Porphyrtuff abgebaut, der in Farbe und Struktur dem vom Rochlitzer Berg ähnelt und der wie dieser für architektonische Zwecke Verwendung fand. Allerdings führte die geringere Haltbarkeit und vor allem die große Klüftigkeit des Gesteins zum Erliegen des Steinbruchbetriebs. Hinzu kamen Schwierigkeiten in der Wasserhaltung, da sich das Gestein in den tieferen Horizonten als stark wasserführend erwies. Die Brüche versoffen kurz nach ihrer Einstellung. Bereits vor dem zweiten

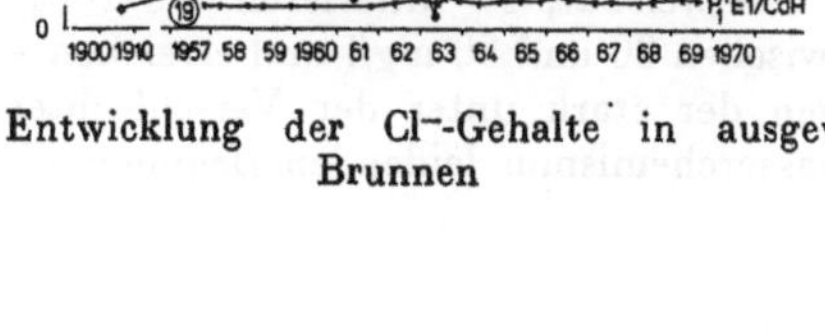

Abb. 1. Entwicklung der Cl^--Gehalte in ausgewählten Brunnen

Tab. 1. Zusammenstellung älterer Wasseranalysen (N_2O_5 wurde auf NO_3^-, SO_3 auf SO_4^{--} umgerechnet)

Brunnen Nr.	Jahr der Analyse	GH °dH	Cl mg/l	SO_4^{--} mg/l	NO_3^- mg/l	$KMnO_4$-V. mg/l
11	Weiches Wasser von Trinkwasserqualität					
14	1911	14,2	21	47	Sp	3
16	1906	6,7	19,5	wenig	17,1	10
17	1906	18,6	23	117	?	10
21	1899	9,7	29,1	35	vhd.	4
32	1906	7,2	12	5	16	2,3
36	1906	17,5	39	34	vhd.	

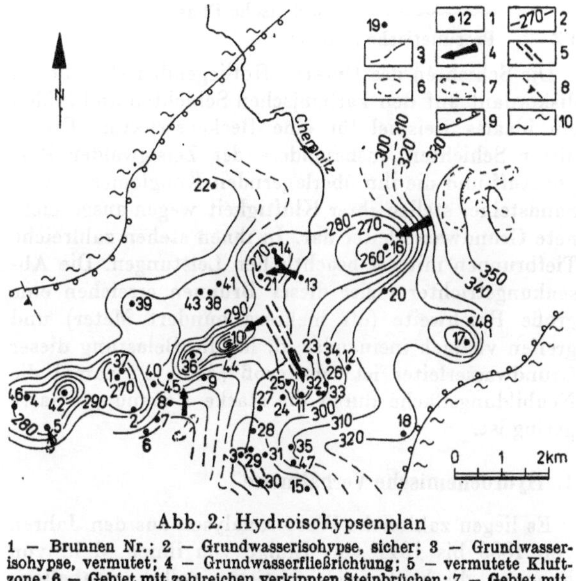

Abb. 2. Hydroisohypsenplan

1 – Brunnen Nr.; 2 – Grundwasserisohypse, sicher; 3 – Grundwasserisohypse, vermutet; 4 – Grundwasserfließrichtung; 5 – vermutete Kluftzone; 6 – Gebiet mit zahlreichen verkippten Steinbrüchen; 7 – Gebiet mit zur Verkippung vorgesehenen Steinbrüchen; 8 – tektonische Störungszone; 9 – Rand der Beckensedimente; 10 – altpaläozoische Schiefer

Weltkrieg, verstärkt aber danach begann man mit der Verfüllung der zahlreichen Brüche; zunächst mit Trümmerschutt, später aber zunehmend mit Asche und Müll. Selbst organische Substanzen wurden abgekippt. Weitere unter Wasser stehende Brüche sind zur Verkippung vorgesehen.

3. Geologische Situation

Karl-Marx-Stadt liegt im östlichen Teil des Erzgebirgischen Beckens; einige Vororte erstrecken sich bis auf den Südhang des Granulitgebirges sowie auf die Nordabdachung des mittleren Erzgebirges. Im Beckenbereich stehen folgende paläozoische Schichten an:

Eingang des Manuskripts in der Redaktion: 17. 6. 1970.

Verf. dankt besonders Herrn Hygieneinspektor HORST SCHUBERT von der Hygieneinspektion Karl-Marx-Stadt für seine Unterstützung bei der Klärung wichtiger Detailfragen im Zusammenhang mit der vorliegenden Arbeit.

P_1^1E3 Leukersdorfer Schichten:

$P_1^1E3_2$ „Stufe der vorherrschenden Schieferletten": fast reine Schiefertone großer Mächtigkeit (100 m);

$P_1^1E3_1$ Abteilung über dem Zeisigwalder Porphyrtuff: Konglomerate und Sandsteine, im Hangenden Schiefertone; Maximalmächtigkeit ca. 200 m;

$_tP_1^1E3_1$ Zeisigwalder Porphyrtuff; Maximalmächtigkeit ca. 50 m;

$P_1^1E3_1$ Abteilung unter dem Zeisigwalder Porphyrtuff: Basalkonglomerate und Sandsteine, nach dem Hangenden zu in Schiefertone übergehend; Maximalmächtigkeit ca. 250 m;

P_1^1E2 Planitzer Schichten: Pyroklastika, Quarzporphyr von Furth, lokal Pechstein (Mächtigkeit 50 bis 100 m);

P_1^1E1 Härtendorfer Schichten: Randlich Konglomerate und Sandsteine, zentral Sandsteine mit zahlreichen Schiefertonzwischenlagen (Mächtigkeit ca. 250 m);

Diskordanz

Cw^{2-3} Flöhaer Schichten: Überwiegend Sandsteine mit Schiefertonzwischenlagen (Mächtigkeit etwa 50 m);

Diskordanz

CdH Hainichener Schichten: Konglomerate, Sandsteine, z. T. Schiefertone mit Brandschiefer- und Steinkohleflözchen (Mächtigkeit max. 300 m);

ooooooooooooooo

~~~~~~~~~~~ Sudetische Phase

PZ Präsudetische Schiefer.

Die Schichten des Unteren Rotliegenden (P_1^1) liegen diskordant auf den karbonischen Schichten und bilden ein ideales Beispiel für eine Beckenstruktur. Einige dieser Schichten, insbesondere der Zeisigwalder Porphyrtuff und die ihn überlagernden Konglomerate und Sandsteine, stellen ihrer Klüftigkeit wegen ausgezeichnete Grundwasserleiter dar. In ihnen stehen zahlreiche Tiefbrunnen mit oft beachtlichen Leistungen. Die Absenkungstrichter vieler dieser Brunnen erreichen eine große Reichweite (oft mehrere hundert Meter) und greifen vielfach ineinander, d. h., die Belastung dieser Grundwasserleiter ist sehr groß (Abb. 2), zumal die Neubildungsfläche durch die starke Bebauung relativ gering ist.

4. Hydrochemische Verhältnisse

Es liegen zahlreiche Wasseranalysen aus den Jahren von 1899 bis 1911 vor. Einige von ihnen, d. h. von Brunnen, die heute noch existieren, sollen in tabellarischer Form aufgeführt werden (Tab. 1). Die Numerierung entspricht der auf den Abbildungen.

Auch andere Brunnen stimmen mit diesen Werten überein, wobei zu bemerken ist, daß die Härte oft geringer als bei den hier aufgeführten Brunnen war. Meist wurde das Wasser ohne jede Aufbereitung auch als Trinkwasser verwendet. Klagen über Verunreinigungen irgendwelcher Art sind aus den Unterlagen in keinem Fall ersichtlich geworden. Seit etwa 15 Jahren verändert sich der Chemismus des Grundwassers einiger Tiefbrunnen erheblich. Es soll an dieser Stelle nicht auf die allgemein zu beobachtende allmähliche Verschlechterung des Grundwasserchemismus eingegangen werden, die in erster Linie ein Resultat der verstärkten und nicht immer sachgemäßen künstlichen Düngung ist (MILDE & MOLLWEIDE 1969). Beispiele dafür gibt es auch in den Randgebieten von Karl-Marx-Stadt. Die hier zu behandelnde Verschlechterung hat andere Ursachen. Ihre Wirkung ist weitaus gravierender. Als Beispiel (vgl. auch Abb. 1) dafür sollen die bereits oben genannten Tiefbrunnen dienen.

Es fällt auf, daß vor allem die Brunnen 11, 14, 16 und 21 (wozu noch einige in der Zeit nach 1920 gebohrte Brunnen kommen) eine starke Verschlechterung der chemischen Eigenschaften der Wässer erfuhren, während andere Brunnen nur wenig Änderung im Chemismus ihrer Wässer zeigten. Besonders markant ist Brunnen 19 der Abb. 1, dessen Schutzzone unbebaut, bewaldet und eingezäunt ist. Sein Cl^--Gehalt als auffälligster Verschmutzungsindikator erreicht kaum 20 mg/l und dürfte den unbeeinflußten Wert für den Raum Karl-Marx-Stadt repräsentieren. Um so bemerkenswerter sind die extrem hohen Cl^--Gehalte einiger Brunnen, die teilweise 150 mg/l übersteigen und somit das Fünf- bis Neunfache der Werte von vor 70 Jahren betragen, während sie in den anderen Brunnen maximal das Zwei- bis Dreifache erreichen. Analog verhalten sich die NO_3^--Gehalte des Wassers. Lagen um 1900 die Werte generell unter

Tabelle 2

Brunnen Nr.	Jahr der Analyse	GH °dH	Cl mg/l	SO_4^{--} mg/l	NO_3^- mg/l	$KMnO_4$-V. mg/l
11	1968	22,4	186	185	17	4,4
14	1969	25,9	124	?	20	6,3
16	1967	?	178	?	36	?
					max. 70	
17	1969	13,0	50	115	37	10
21	1969	?	159	?	38	?
					max. 60	
32	1969	?	30	?	35	3,5
36	1968	19,5	45	?	32	4,4
	1969	?	96,4	?	27	?

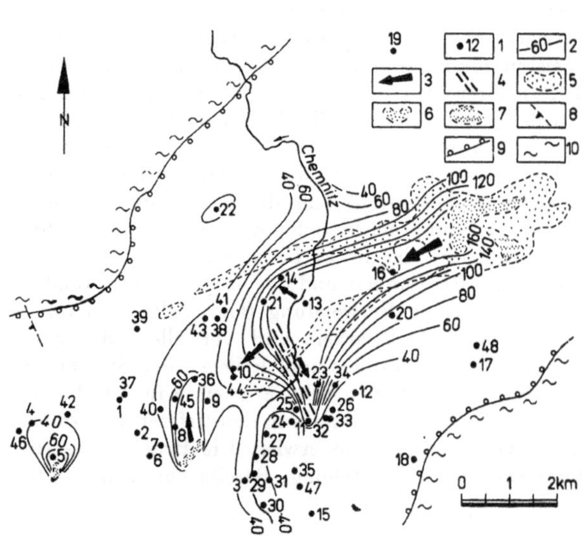

Abb. 3. Verteilung der Chloridgehalte

1 — Brunnen Nr.; 2 — Linien gleicher Cl^--Gehalte; 3 — Grundwasserfließrichtung; 4 — vermutete Kluftzone; 5 — Verbreitung des Zeisigwald-Tuffs; 6 — Gebiet mit zahlreichen verkippten Steinbrüchen; 7 — Gebiet mit zur Verkippung vorgesehenen Steinbrüchen; 8 — tektonische Störungszone; 9 — Rand der Beckensedimente; 10 — altpaläozoische Schiefer

20 mg/l bzw. fehlte NO_3^- oft sogar ganz oder war nur in Spuren nachweisbar, so differieren die NO_3^--Gehalte heute zwischen 20 und 50 mg/l und erreichen vor allem in einigen der stark unter der Verschlechterung des Grundwasserchemismus leidenden Brunnen Werte zwi-
~~~~~~~~~~~

schen 50 und 80 mg/l. Das bedeutet, daß derartig betroffene Brunnen grundsätzlich für die Trinkwasserversorgung selbst in Katastrophenfällen zu sperren sind und daß ihr Wasser auch nicht in der Lebensmittelindustrie (z. B. Molkereien) Verwendung finden darf.

Die SO_4^{-}-Gehalte zeigen vor allem in den am meisten in Mitleidenschaft gezogenen Brunnen eine ebenfalls stark steigende Tendenz. Die Maxima dürften zwischen 200 und 300 mg/l liegen. Gleiches läßt sich von der Nichtkarbonathärte sagen, deren Spitzenwerte zwischen 15 ··· 20°dH liegen. Die Eisengehalte zeigen zur Zeit noch keine eindeutige Reaktion.

Die Ursachen dieser Verschlechterung des Grundwasserchemismus sind unschwer zu finden. Migrationen stark Cl^{-}-haltiger Tiefenwässer (SCHRÄBER 1968) scheiden aus geologischen Gründen im Raum Karl-Marx-Stadt aus.

Aus Abb. 2 geht der Verlauf der Grundwasserisohypsen hervor. Im Bereich der Brunnen 16, 13, 14, 21, 10, 36 und 11 hat sich auf Grund der großen Entnahme ein ausgedehnter zentraler Absenkungstrichter ausgebildet. Neben geringen Zuflüssen von den anderen Seiten her erfolgt der Hauptzufluß von E aus dem Zeisigwald-Tuff, der im Bereich dieser Brunnen (mit Ausnahme von 11 und 23) den Hauptgrundwasserleiter darstellt. Brunnen 13 erhält wahrscheinlich einen Teil seines Wassers durch Infiltration aus der Chemnitzaue, da trotz hoher Fördermenge die Absenkung relativ klein ist und die verhältnismäßig „geringe" Mineralisation des Wassers ebenfalls dafür spricht. Die Brunnen 11 und 23 beziehen einen großen Teil ihres Wassers über eine wahrscheinlich breite, NNW—SSE streichende Klüftungszone, da das von S und E kommende Grundwasser bereits größtenteils von vorgelagerten Brunnen abgefangen wird. Das heißt aber, daß auch sie Wasser aus dem Zeisigwald-Tuff beziehen, in dem die Müllkippen angelegt sind. Das wird auf Abb. 3 noch deutlicher. Es fällt auf, daß sich die Cl-Maxima mit dem großen zentralen Absenkungstrichter decken, der sich im Zeisigwald-Tuff ausgebildet hat. Das bedeutet, daß die Verschlechterung des Grundwasserchemismus an die Asche- und Müllkippen im Zeisigwald gebunden ist. Auch die Zusammenhänge der Schuttkippe im S und dem Brunnen 36 sowie der Asche- und Müllkippe bei Brunnen 5 und dem genannten Brunnen sind markant. Es liegt also eine außergewöhnlich starke Verunreinigung des Grundwassers durch unüberlegt eingerichtete Asche- und Müllkippen vor.

Von der vorstehenden Erkenntnis ausgehend, ist zur Genese der Verschmutzungsindikatoren folgendes zu sagen: Cl^{-} wird durch das Sickerwasser aus der an Salzen reichen Asche sowie aus dem Müll in großen Mengen ausgelaugt. NO_3^{-} entsteht bei der Zersetzung des organischen Materials, das in reichlichen Mengen mit abgekippt wird. SO_4^{--} resultiert ebenfalls aus der Auslaugung vor allem von Asche. An der Nichtkarbonatverhärtung sind vor allem Kalziumsulfat und Kalziumchlorid beteiligt.

Ein weiterer Umstand ist noch zu berücksichtigen. Es besteht an Asche- und Müllkippen durchaus die Möglichkeit, daß stark gesundheitsschädigende Stoffe unkontrollierbar mit abgelagert werden. Nun handelt es sich beim Zeisigwald-Tuff um ein stark klüftiges Gestein mit einem recht beachtlichen, z. T. künstlich verstärkten Grundwassergefälle. EISSELE (1966) ermittelte experimentell auf Kluftzonen im Mittleren Buntsandstein Baden-Württembergs Fließgeschwindigkeiten von maximal 300 m/h, im Mittel 127 m/h. Das sind Werte, die vergleichbare aus dem Lockergesteinsbereich noch übertreffen. Im Fall einer plötzlichen Verseuchung ist also damit zu rechnen, daß innerhalb kurzer Zeit alle Tiefbrunnen in der Umgebung ebenfalls betroffen werden. Das ist ein äußerst bedenklicher Umstand, der zu größter Vorsicht Anlaß geben sollte. Bei den Müllkippen von Karl-Marx-Stadt dürfte allerdings kaum noch etwas zu ändern sein.

5. Schlußfolgerungen

Im Interesse der Gesunderhaltung unserer Bevölkerung, des Schutzes unseres Grundwassers und schließlich als Beitrag zur Verwirklichung des Landeskulturgesetzes ergeben sich nachstehende Schlußfolgerungen.

Bei der Planung von Asche- und Müllkippen sollten in jedem Fall erfahrene Hygieniker, Wasserwirtschaftler und Geologen zu Rate gezogen werden. Es ist zu überlegen, ob die in einem Gebiet eventuell vorhandenen Grundwasserfassungsanlagen anderweitig ersetzbar sind oder ob einer Verkippung von Asche und Müll nicht zugestimmt werden kann. Außerdem empfiehlt es sich, das Grundwasser verunreinigter Brunnen häufigen und regelmäßigen Kontrollen zu unterziehen, um gegebenenfalls Sofortmaßnahmen treffen zu können. Großer Wert ist dabei auf die Ausführung von Vollanalysen zu legen, da die bisher üblichen Kurzanalysen einer exakten Auswertung nicht dienlich sind.

Zusammenfassung

Verf. untersuchte die Ursachen der Grundwasserverunreinigungen im Gebiet von Karl-Marx-Stadt. Die Zusammenhänge mit den Müll- und Aschekippen im Zeisigwald konnten nachgewiesen werden. Es werden Schlußfolgerungen zur Verhütung derartiger Verunreinigungen gezogen und Kontrollmaßnahmen empfohlen.

Резюме

Автор исследовал причины загрязнения грунтовых вод в области Карл-Маркс-Штадт. Могут быть ясно доказаны связи с отбросами пепла и мусора в Цейсигском лесу. Делаются выводы к предотвращению такого рода загрязнений и рекомендуются мероприятия для контроля.

Summary

By investigating the causes of ground-water contamination in the area of Karl-Marx-Stadt connections with garbage and ash tips in the Zeisigwald could clearly be demonstrated. Conclusions are drawn with a view to preventing such contaminations and measures of control are recommended.

Literatur

BLÜHER, H.-J.: Zur Hydrogeologie des Oberkarbons und Rotliegenden im westlichen Erzgebirgischen Becken. – Geologie, 9, 909–929, Berlin 1960.

EISSELE, K.: Über Grundwasserbewegung in klüftigem Sandstein. – Jh. geol. Landesamt Baden-Württemberg, 8, 105–111, Stuttgart 1966.

MILDE, G., & H.-U. MOLLWEIDE: Die wichtigsten Verschmutzungsgefahren für Grundwasserlagerstätten. – Z. angew. Geol., 15, 1, Berlin 1969.

PIETZSCH, K.: Geologie von Sachsen, I. Aufl. – VEB dt. Verl. Wiss., Berlin 1962.

SCHRÄBER, D.: Zur Kenntnis der Sole im Zwickau – Oelsnitzer Steinkohlenrevier. – Z. angew. Geol., 14, 8, Berlin 1968.

ZIESCHANG, J.: Die hydrogeologischen Verhältnisse der Unterrotliegendmulde bei Karl-Marx-Stadt. – Museum f. Naturkunde Karl-Marx-Stadt 1960.

Preise für erkundete Vorräte natürlicher mineralischer Rohstoffe in der UdSSR

(Informationsbericht)

Die Notwendigkeit, für erkundete Vorräte — für die gesellschaftliche Arbeit verausgabt wurde — Preise einzuführen und die Erkundungsarbeit (Kosten) in den Preis für die geförderten Rohstoffe eingehen zu lassen, wird in der UdSSR ebenso wie in der DDR seit Jahren diskutiert. Im Unterschied zu uns haben sich in der UdSSR mit diesen Fragen und den dabei zu lösenden Problemen nicht etwa nur die Geologen oder die praktisch daran interessierten Wirtschaftszweige befaßt, sondern auch die Akademien des Landes, wissenschaftliche Konferenzen und eine ganze Plejade hervorragender Wirtschaftswissenschaftler, Politökonomen u. a.

Anstoß für diese breite Behandlung des Themas war die Einführung neuer Großhandelspreise für die Produkte der Rohstoffe produzierenden Bereiche der Schwerindustrie im Jahre 1967, bei denen die Aufgabe gestellt worden war, in den Selbstkosten und Preisen bestimmter Rohstoffe einen Satz einzubeziehen, der den Rücklauf der — in der Regel vom Staat vorgeschossenen — Erkundungskosten garantieren sollte. Damit wurde erreicht,

a) die produktive Arbeit des Zweiges geologische Erkundung wenigstens teilweise zu berücksichtigen;

b) die ökonomische Begründung der Großhandelspreise zu qualifizieren,

c) dem Staat einen Teil seiner Ausgaben für die Suche und Erkundung zurückzuerstatten.

Einbezogen wurden zunächst 16 mineralische Rohstoffe (Erdöl, Erdgas, Eisenerz, Manganerz, Chromerz, Kupfer, Blei, Zink, Bauxit, Nickel, Zinn, Quecksilber, Wolfram, Molybdän, Flußspat und Glimmer) und entsprechende Sätze zur Abgeltung des Erkundungsaufwandes in den Selbstkosten und Preisen festgelegt.[1])

Infolge der zur Verfügung stehenden kurzen Zeit konnte damals diesen Festlegungen keine tiefe methodische Bearbeitung des Problems vorausgehen (gegenwärtig wird die Diskussion zur Verbesserung dieser Festlegungen geführt). Hauptforderung war, den Aufwand für Suche und Erkundung zu erfassen, jedoch nicht die Ausgaben für regionale geologische Forschungen und für die Entwicklung der geologischen Wissenschaft einzubeziehen.

Die Berechnungsgrundlage und die Differenzierung der Sätze waren keineswegs einheitlich. Das Herangehen sei an einigen Beispielen erläutert:

Berechnungsgrundlage bei Erdöl waren die spezifischen Ausgaben für 1 Tonne Vorratszuwachs in den Klassen A und B in der Zeit von 1961—1965. Im Durchschnitt wurde für die UdSSR 1 Rubel (für 1 Tonne Erdöl und 1000 m³ Begleitgas) bezogen auf die Förderung als Erkundungssatz festgelegt. Dieser Durchschnittswert wurde innerhalb des Ministeriums der Erdöl fördernden Industrie nach der „unterschiedlichen Effektivität der geologischen Erkundungsarbeiten und dem unterschiedlichen Grad der Lagerstätteninbetriebnahme“ stark differenziert den einzelnen Erdölgebieten bzw. ihren Industrievereinigungen wie folgt vorgegeben:

Tatarien, Baschkirien, Kuibyschew-Gebiet	0,55 Rubel
Krasnodar, Stawropol	0,80 „
Tjumen	1,10 „
Dagestan	3,40 „
Sachalin	3,80 „

Berechnungsgrundlagen bei Erdgas waren analog zu Erdöl die spezifischen Ausgaben für 1000 m³ Vorratszuwachs der Klassen A und B in den Jahren 1961—1965. Als Satz wurde für die UdSSR 1 Rubel für 1000 m³ Gas festgelegt, wiederum bezogen auf die abgesetzte Förderung. Vom Ministerium für Erdgas wurde dieser Satz nicht für einzelne Gebiete differenziert.

Für 1 Tonne Eisenroherz wurden — auf der Basis von A- + B-Vorräten — 10,3 Kopeken ermittelt, aus denen sich für 1 t Handelserz 15 Kopeken ergaben, gültig für die gesamte Sowjetunion. Bei Manganerz wurden entsprechend 15 Kopeken für Roherz, für Chromerze 25 Kopeken für eine Tonne gefördertes Roherz ermittelt.

Bei den Buntmetallen war die Berechnungsgrundlage das langjährige Verhältnis der Ausgaben für die eingehende Erkundung des betreffenden Metalls zur durchschnittlichen Förderung in diesem Zeitraum. Bei Bauxit wurde zusätzlich der Gehalt an Tonerde, präzise: sein tatsächliches Ausbringen, berücksichtigt. Bei Glimmer wurden Größe und Sorte berücksichtigt (im Durchschnitt erreicht der für die Suche und Erkundung festgelegte Satz 400 Rubel für 1 Tonne gewonnenes Rohmaterial).

Insgesamt wird eingeschätzt, daß von den Gesamtausgaben für die Suche und Erkundung im Jahre 1968 25% auf diese Weise in den Staatshaushalt zurückgeflossen sind.

Das Ausmaß des Rückflusses der vom Staat vorgeschossenen Such- und Erkundungskosten ist bei den verschiedenen Rohstoffen unterschiedlich: 100% bei den Erzen der Schwarzmetallurgie, etwa 35% bei Erdöl und Erdgas, bei den Buntmetallen (soweit sie durch Sätze belegt sind) ebenfalls etwa 35%, bei Glimmer (Muskovit) 15%.

Die Großhandelspreisreform hatte seinerzeit in der UdSSR außerdem vorgesehen, daß Förderbetriebe — die unter besonders günstigen natürlichen und Transportbedingungen arbeiten und infolgedessen ein be-

Eingang des Manuskripts in der Redaktion: 7. 12. 1970.

[1]) Derartige Sätze wurden bisher noch nicht festgelegt für Kohle, Titan, Gold, seltene Metalle und eine Reihe nichtmetallischer Rohstoffe.

sonders hohes Reineinkommen haben, außerdem solche, deren Rentabilität infolge anderer technisch-ökonomischer Produktionsbedingungen, die nicht von ihrer Tätigkeit abhängen, über dem Zweigdurchschnitt liegt — Festbeträge (Rente) an den Staatshaushalt abführen müssen: Die konkrete Höhe eines solchen Festbetrages wird für einen konkreten Betrieb durch den Betrag bestimmt, der über dem Durchschnitt der Rentabilität (oder einer etwas höheren Grenze) des Zweiges liegt. Derartige Festbeträge (Renten) sind für zahlreiche erdöl- und erdgasfördernde Betriebe festgelegt. Sie werden pro Fördereinheit für das abgesetzte Produkt berechnet und schwanken in der UdSSR für 1 t Erdöl zwischen 0,70 Rubel („Oktjabrsknjeft" Baschkirien) und 14,20 Rubel („Bucharanjeftegas"); für 1000 m^3 Erdgas von 1,10 Rubel (Poltawa) bis 12,00 Rubel (Krim).

Bei den Erzen können folgende Beispiele angeführt werden:

2,70 Rubel für 1 t gefördertes Eisenroherz in Magnitogorsk,
12,0 Rubel für 1 t gefördertes Chromerz (Don),
78,0 Rubel für 1 t gefördertes Asbesterz (Bashanow).

* * *

Die bisher gültigen Festlegungen werden lediglich als erste Etappe der Lösung des Problems betrachtet. In den beiden letzten Jahren wurde von sowjetischen Autoren bereits auf einige besonders krasse Mängel dieser Festlegungen hingewiesen:

a) Die getroffenen Regelungen beziehen sich noch nicht auf alle mineralischen Rohstoffe;

b) außer bei Erdöl wurde bei den Sätzen für den Rückfluß der Erkundungskosten keine Differenzierung vorgenommen;

c) die Sätze werden auf die realisierte Förderung bezogen statt auf die „gelöschten" Vorräte, d. h. Förderung plus tatsächlichen Verluste;

d) die Sätze sind in der Regel zu niedrig; sie könnten für die Mehrzahl der Buntmetalle, Erdöl, nichtmetallische Rohstoffe durchaus auf Kosten der Betriebsgewinne erhöht werden, ohne daß sich dies in den Industrieabgabepreisen auswirken müßte.

In jüngster Zeit wurden zusätzlich Forderungen laut, die darauf hinauslaufen:

1. auch einen Preis für erkundete Vorräte festzulegen, der innerhalb des Zweiges des Ministerium für Geologie der UdSSR für die wirtschaftliche Rechnungsführung und Abrechnung genutzt werden kann;

2. diese Vorratspreise nach ihren Gebrauchswerteigenschaften zu differenzieren;

3. als weiteres Kriterium für differenzierte Vorratspreise wurden genannt: die geologisch-industriellen Lagerstättentypen, Eignung für Tag- oder Tiefbau, Größe der Lagerstätte, die Lage der Lagerstätte u. a.

Besonders eingehend wurde in der UdSSR die Methodik der Bestimmung von Vorratspreisen für erkundete Vorräte in situ diskutiert. Als erster sowjetischer Wissenschaftler hat 1967 N. A. CHRUSCHTSCHOW seine entsprechenden Vorschläge veröffentlicht.[2]) Seine grundlegende Idee besteht darin, daß sich dieser Preis zusammensetzt aus

a) dem gesellschaftlich notwendigen Aufwand für eine Vorratseinheit (z. B. Tonne),

b) einem proportionellen Anteil am bei der Nutzung des Vorrates entstehenden Gewinns (zuzüglich der Berücksichtigung des Zeitfaktors), der die Rohstoffqualität ökonomisch ausdrücken soll.

1968 schlug S. JA. KAGANOWITSCH für den gleichen Gegenstand vor, bei der methodischen Festlegung

a) vom gesellschaftlich notwendigen Aufwand für die Erkundung,

b) von den wesentlichen Gebrauchswerteigenschaften des erkundeten Vorrats,

c) von der vorratsseitigen Versorgungssicherheit des perspektivischen Bedarfs,

d) von der notwendigen Rentabilität der geologischen Erkundungsarbeiten auszugehen.

Der Verfasser schlägt vor, diesen Vorratspreis zunächst als Durchschnittspreis für das ganze Land zu bestimmen und ihn anschließend nach industriellen Lagerstättentypen zu differenzieren. Dies soll mit Hilfe von Koeffizienten erfolgen, die den unterschiedlichen Gewinnanteil pro geförderter Vorratseinheit widerspiegeln.

Die von ihm für eine konkrete Lagerstätte vorgeschlagene Formel zur Berechnung der Vorratspreise lautet:

$$P_v = P_{mt} \cdot K_{lg} \cdot K_g \cdot K_l \quad (1)$$

wobei:

P_v — Preis für eine Vorratseinheit (in situ) einer konkreten Lagerstätte,
P_{mt} — der durchschnittliche Vorratspreis (in situ) für den betreffenden industriellen Lagerstättentyp;
K_{lg} — Koeffizient, der die Lagerstättengröße berücksichtigt;
K_g — Koeffizient, der den Gehalt der Hauptkomponente berücksichtigt;
K_l — Koeffizient, der die geographische Lage der Lagerstätte berücksichtigt.

1970 hat KAGANOWITSCH diese Formel in etwas veränderter Gestalt gegeben:

$$P_v = P_{mt} \cdot K_g \cdot K_l \cdot K_0 \quad (2)$$

wobei alle Bezeichnungen die gleiche Bedeutung (wie oben) haben und K_0 alle Hauptfaktoren erfassen soll (Größe, Tage- oder Tiefbau usw.), die auf die Effektivität des Lagerstättenabbaus Einfluß ausüben.

Für die Bestimmung von P_{mt} wurde gleichzeitig folgende Formel vorgeschlagen:

$$P_{mt} = A_s \cdot K_{gg} \cdot K_{gw} \quad (3)$$

wobei:

A_s — gewogener durchschnittlicher spezifischer Aufwand für den Vorratszuwachs des betreffenden Rohstoffs (für das ganze Land);
K_{gg} — Koeffizient, der den Normativgewinn des Erkundungsbetriebes berücksichtigt;
K_{gw} — Koeffizient, der die summarischen Gebrauchswerteigenschaften des Erzes dieses industriellen Typs berücksichtigt.

1970 hat L. P. KOBACHIDSE beide Vorschläge kritisiert. Bei CHRUSCHTSCHOW wendet er sich gegen die

---

[2]) Zeitschrift für angew. Geologie, 1968, Heft 1, S. 35–39.

Auffassung, geologische Erkundungsarbeiten mit Investitionen zu identifizieren und die daraus abgeleitete Aufteilung des bei der Nutzung des Vorrats (seinem Abbau) erwarteten Gewinns.

Am Vorschlag von KAGANOWITSCH kritisiert er, daß

a) seine Methodik nicht die Gebrauchswerte der Vorräte widerspiegelt;

b) ein so berechneter Preis ungerechtfertigt überhöht sein muß;

c) die Vereinigung der Differentialrente und des eigentlichen Reingewinns in einer Kennziffer einerseits ungünstig ist (Verschleierung der tatsächlichen Leistung des Kollektivs) und der Differentialrente andererseits ihren spezifischen Charakter nimmt;

d) bei Anwendung von Formel (2) und (3) die Preise zweimal differenziert werden; damit wird die Methode sehr arbeitsaufwendig und kann kaum die Gebrauchswerteigenschaften einer konkreten Lagerstätte richtig erfassen;

e) die Mißachtung des Zeitfaktors (seine Nichtberücksichtigung) Einspruch auslöst, wobei die Form seiner Beachtung davon abhängt, ob die Vorratspreise für gelöschte Vorräte abzurechnen sind oder bei der Übernahme einer Lagerstätte zu ihrer Nutzung angerechnet werden.

(Auf die Einsprüche von KOBACHIDSE — ebenso wie auf die anderen Vorschläge — wird hier inhaltlich nicht eingegangen, da sich Verfasser mit vorliegendem Bericht nur das Ziel stellt, einem größeren Kreis von Wissenschaftlern entsprechende Informationen zu vermitteln.)

KOBACHIDSE vertritt den Standpunkt, daß trotz der Kompliziertheit bei der Erfassung der Gebrauchswerteigenschaften eines Vorrats grundsätzlich von der Formel ausgegangen werden muß, die Akademiemitglied W. P. DJATSCHENKO in allgemeiner Form für den Preis von natürlichen Produkten entwickelt hat:

$$P = A_m + A_a + n \cdot A_a = e.K.F. + G + R \qquad (4)$$

wobei:

A_m — der materielle Aufwand für die betreffende Produktion;
A_a — der bezahlte Arbeitsaufwand;
n — das Gewinn-Normativ, das in den Preis proportional zu den Produktionsfonds eingeht;
K — ein Koeffizient, der differenziert den Fondsaufwand in Abhängigkeit von der Zusammensetzung der Fonds, ihrer ökonomischen Effektivität berücksichtigt;
F — Produktionsfonds;
G — der Gewinnanteil, der die Stimulierungsfonds des Betriebes bilden muß;
R — der Differentialgewinn (Rente).

KOBACHIDSE übernimmt die Formel (4) für die Preisbestimmung erkundeter Vorräte in situ (einer konkreten Lagerstätte). Der Preis der erkundeten Vorräte dieser Lagerstätte ist:

$$P_L = (A_m + A_a + n \cdot A_a + e.K.F. + G)\,Q_L + R \qquad (5)$$

wobei:

P_L — der Preis der erkundeten Vorräte der konkreten Lagerstätte;
Q_L — die in dieser Lagerstätte erkundeten Vorräte (z. B. in Tonnen);
R — die Differentialrente der Lagerstätte und

die übrigen Bezeichnungen die gleiche Bedeutung wie in Formel (4) besitzen.

KOBACHIDSE erläutert den sachlichen Inhalt seiner Formel (5) (siehe unten).

Nach Meinung des Verfassers lassen sich alle Glieder der Gleichung mit den bestehenden Berechnungsmethoden bestimmen, ausgenommen R, weil für die Bestimmung der Differentialrente in der UdSSR noch keine abgestimmte Berechnungsmethode existiert.

KOBACHIDSE schätzt ein, daß die Realisierung der Formel bei der Vorratspreisbestimmung relativ viel Zeit erfordern wird. Die entstandene Lage „bei der Erkundung und Exploitation natürlicher Ressourcen fordert die sofortige Einführung der Geldbewertung erkundeter Vorräte natürlicher mineralischer Rohstoffe in situ". Daher ist er der Meinung, daß es genügt, als ersten wichtigen Schritt Vorratspreise nach der von N. A. CHRUSCHTSCHOW vorgeschlagenen Methode und Formel durchzuführen:

$$P_v = A_{gn} + K_a \cdot G \cdot K_z \qquad (6)$$

wobei:

P_v — der Vorratspreis für erkundete Vorräte in situ (Rubel);
A_{gn} — der gesellschaftlich notwendige Aufwand für 1 t Vorrat dieses Rohstoffs (Rubel);
K_a — Koeffizient, der den Anteil der Aufwendungen für die Erkundung an den Gesamtinvestitionen berücksichtigt;

Formel (5)

$$P = \left(\boxed{A_m + A_a} + \boxed{n \cdot A_a + e.K.F. + G}\right) + \boxed{R}$$

$A_m + A_a$ ↓	$n \cdot A_a + e.K.F. + G$ ↓	R ↓
Durchschnittliche Kosten der Erkundung 1 t des betreffenden Rohstoffes im Zweig	Reineinkommen, das durch die Arbeit der Erkunder geschaffen wird (bezogen auf 1 t d. h. das Rentabilitäts-Normativ im Zweig)	Differentialrente der Lagerstätte

↓ ↓

Gesellschaftlich notwendiger Aufwand des geologischen Erkundungsdienstes für 1 t des betreffenden mineralischen Rohstoffs.

Zeitschrift für angewandte Geologie, Bd. 17 (1971), Heft 5

G — der nach der Förderung des Vorrats potentiell mögliche Gewinn für 1 t (Rubel);

K_z — der Zeitfaktor, der vorläufig mit 0,5 angenommen wird.

* * *

Zusammenfassend kann festgestellt werden, daß

a) alle oben angeführten drei Autoren auf einer prinzipiell gleichen Position stehen, die

b) als wesentliche Bestandteile des Vorratspreises

1. den gesellschaftlich notwendigen Aufwand und

2. die Qualität der erkundeten Vorräte sehen.

Der bekannte Ökonom, Akademiemitglied S. K. Strumilin formulierte bereits Mitte 1967:

„Geschenkt (... von der Natur F. St.) sind die Reichtümer des Bodens nur so lange, wie wir über sie nichts wissen. Schon die erste Suche ist die erste Arbeitsverausgabung für ihren gesellschaftlichen Wert, die zu ignorieren — unabhängig von den Ergebnissen der Suche — völlig unzulässig ist."

Der gegenwärtige Stand der Diskussion geht aus einer internen (jedoch offiziellen) Information sowjetischer Kollegen (1970) hervor:

„Alle Geologen und Ökonomen aus den Bereichen, die mit der Einschätzung mineralischer Rohstoffe zu tun haben, haben sich für die unaufschiebbare Notwendigkeit ausgesprochen, die geldliche Bewertung erkundeter Vorräte mineralischer Rohstoffe in situ einzuführen. Der gleiche Standpunkt wurde in Ausführungen und Entschließungen einer sehr repräsentativen Versammlung unterstützt, die im Frühjahr 1969 in Moskau von der Akademie der Wissenschaften der UdSSR zu Fragen der rationellen Nutzung der Bodenschätze durchgeführt worden ist."

Offenbar ist die Zeit gekommen, daß wir in der DDR die theoretische und praktische Arbeit auf diesem Gebiet erneut verstärken sollten, um ein Zurückbleiben in diesen Fragen zu verhindern.

Friedrich Stammberger

Die Bestimmung optimaler Erkundungsnetze für die Vorerkundung von Stockwerklagerstätten

M. N. Denisow, S. N. Kulitschichin, W. K. Pawlow & T. B. Rogower, UdSSR

Die wissenschaftlich begründete Dichte von Erkundungsnetzen für die verschiedenen Stadien der Erkundung von Lagerstätten mineralischer Rohstoffe sichert die Genauigkeit der Erkundung und die richtige Klassifizierung der Vorräte nach Klassen und ist eines der entscheidenden Mittel zur Erhöhung des Nutzeffekts der Erkundungsarbeiten.

Der Netzdichte bei der Vorerkundung wurde bisher nicht die erforderliche Bedeutung beigemessen, weil die Netze hauptsächlich im Stadium der eingehenden Erkundung verdichtet werden. Liegt jedoch der Vorerkundung, für die ein bedeutender Teil der Mittel verausgabt wird, keine Begründung für das gewählte Netz zugrunde, wird die Zeit verlängert, bis zu der die Lagerstätten eingehend erkundet werden, oder sie werden falsch eingeschätzt.

In den letzten Jahren wurde wiederholt festgestellt, daß die Ausgaben für die Vorerkundung zu Lasten jener Arbeiten schroff angestiegen sind, deren Durchführung nur im nachfolgenden Stadium und nur auf Lagerstätten zweckmäßig ist, die positiv eingeschätzt wurden.

Diese Mängel haben nicht nur organisatorische Ursachen. Sie sind eine unvermeidliche Folge dessen, daß die prinzipiellen Unterschiede unterschätzt werden, die die Grenze zwischen den Stadien der Vorerkundung und der eingehenden Erkundung bestimmen.

Überflüssige Ausgaben in den frühen Stadien der Erkundung sind offenbar zulässig, wenn Lagerstätten, für die sich eine detaillierte Erkundung nicht lohnt, verworfen werden sowie bei der Vorerkundung industriell nutzbarer Lagerstätten. Dafür gibt es jedoch bisher keine objektiven Kriterien. Nur auf der Grundlage der Analyse von Bohrnetzen für eingehend erkundete Lagerstätten der wichtigsten industriellen Typen können solche Kriterien ermittelt werden.

In diesem Aufsatz wird die Wahl rationeller Erkundungsnetze für die Vorerkundung großer Stockwerklagerstätten begründet, die den höchsten Erkundungsgrad aufweisen: für Kupferlagerstätten (Kounrad, Almalyk und Boschtschekul), für Kupfer-Molybdän-Lagerstätten (Kadsharan), für Zinnlagerstätten (Scherlowaja Gora), für Wolframlagerstätten (Oberes Kajraktin) und für Molybdänlagerstätten (Orekitkan, Shireken, Koktenkol und Bugdain).

Die genannten Lagerstätten liegen inmitten von Eruptivgesteinen, manchmal auch in sedimentärmetamorphen, die gewöhnlich durch hydrothermalen und Kontaktmetamorphismus umgewandelt wurden, und sind in Kluftzonen lokalisiert, die unter unterschiedlichen Strukturbedingungen entstanden sind.

Die Imprägnationserze dieser Lagerstätten mit niedrigen Gehalten können durch Tagebau in großem Maßstab gewonnen werden. Sie sind horizontal und vertikal weit aushaltend und streichen vollständig oder teilweise an die Oberfläche aus. Diese Lagerstätten enthalten große Metallvorräte.

Die Erzkörper bilden ihrer Form nach stockwerkartige (Kounrad, Scherlowaja Gora), flach geneigte schichtartige (Boschtschekul) und in der Vertikale langgezogene, röhrenförmige (Almalyk) oder ring-

Aus: Raswedka i ochrana nedr., Moskau 1969, H. 10, S. 13–19. Übers.: Intertext, Berlin.

förmige Lager (Bugdain). Die Poststörungen nach der Vererzung haben keinen irgendwie wesentlichen Einfluß auf die Form der Erzkörper. Ihre innere Struktur wird durch vorhandene schwach mineralisierte und taube Gesteine kompliziert.

Die nutzbaren Komponenten in den Erzkörpern aller Lagerstätten sind ungleichmäßig verteilt. Ihre Gehalte, nach den Bohrungen berechnet, streuen relativ stark in den Erzen der Lagerstätten Kounrad, Shireken und Scherlowaja Gora und außerordentlich wenig in den Erzkörpern der übrigen Stockwerke (die Variationskoeffizienten der Durchschnittsgehalte betragen entsprechend 42—56% bzw. 19—32%).

Erhöhte Durchschnittsgehalte wurden auf dem Hintergrund allgemein niedrigerer Werte in Form von isolierten, nicht gesetzmäßig verteilten Maxima beobachtet, die kleine Flächen umfassen. Mit geringerer Eindeutigkeit kann die Veränderlichkeit der Mächtigkeit der industriellen Erze charakterisiert werden. Da nicht alle Bohrungen die unteren Grenzen der Erzkörper durchortet haben, spiegeln die berechneten Variationskoeffizienten für die Mächtigkeit nicht die wirklichen Größen wider (113% für die Lagerstätte Boschtschekul und 46,8—79,7% für die anderen Lagerstätten).

Vertikale Zonalität ist besonders schroff in Kupferstockwerken ausgebildet, wo außer den Oxydations- und Primärzonen, die auf allen Lagerstätten vorkommen, Zonen mit ausgelaugten und sekundär angereicherten Erzen ausgebildet sind. Die oxydierten Erze haben nach der in ihnen enthaltenen Metallmenge untergeordnete Bedeutung. Der Anteil ihrer Vorräte an den Gesamtvorräten der Lagerstätten beträgt 0,1—7,5%.

Die Erfahrungen bei der Vorerkundung von Stockwerklagerstätten wurden in der Fachliteratur fast nicht beschrieben. Vorhandene Hinweise über die Anzahl der Bohrungen, die in diesem Stadium die Erzkörper durchfahren haben müssen, sind zu allgemein und ohne irgendwelche Begründungen.

Entsprechend den Orientierungswerten der gültigen Instruktionen der Staatlichen Vorratskommission werden Vorräte der Kategorie C_1 in großen Stockwerklagerstätten bei einem Abstand zwischen den Bohrungen von 100—300 m in Abhängigkeit vom Stockwerktyp erhalten. Diese Werte wurden durch Systematisierung der Erkundungserfahrungen auf den verschiedenartigsten Lagerstätten erhalten; sie stützen sich nicht auf irgendwelche Berechnungen. Dabei wird nicht die minimale Anzahl der erforderlichen Durchfahrungen berücksichtigt. Versuche zur Auflockerung der Aufschlußpunkte und die Ermittlung rationeller Erkundungsnetze bei der Vorratserkundung hoher Klassen wurden auf einigen eingehend erkundeten Stockwerklagerstätten vorgenommen. Infolge unvollständiger Analyse, nur für einzelne Abschnitte der Lagerstätten und einzelne ihrer Parameter, und einer unzureichenden Anzahl betrachteter Varianten erreichen die Untersuchungen nicht vollständig ihr Ziel. Ihre Ergebnisse haben nur die Überzeugung gefestigt, daß der Erkundungsmethodik von Stockwerklagerstätten nicht unregelmäßige, sondern regelmäßige Bohrlochnetze zugrunde liegen müssen.

Bei der Begründung der Dichte des Erkundungsnetzes, die für die Vorerkundung notwendig und ausreichend ist, muß vor allem von den Anforderungen ausgegangen werden, die an diese gestellt werden und die in den „Methodischen Anweisungen zur Durchführung der einzelnen Etappen und Stadien der geologischen Erkundungsarbeiten" dargelegt sind. Entsprechend diesen Anforderungen bestehen die Aufgaben der Vorerkundung darin, Parameter zu bestimmen, die entscheidende Bedeutung für die Einschätzung der Lagerstätte, bei minimalem Umfang der Erkundungsarbeiten, besitzen. Als Ergebnis der Vorerkundung ergeben sich Vorräte der Klassen C_1 und C_2 und eine orientierende Einschätzung des Maßstabs der Lagerstätte. Die Gesamtheit und die Zuverlässigkeit der Einschätzungsdaten müssen für eine eindeutige Beurteilung — ob die Lagerstätte industrielle Bedeutung besitzt oder ob eine weitere Erkundung zweckmäßig ist — ausreichen.

Das zuverlässige Verfahren, solche Angaben zu erhalten, ist ein Vergleich der Erkundungs- und Förderergebnisse. Dieses Verfahren kann jedoch nur für die Lagerstätte Kounrad angewendet werden, die schon lange Zeit abgebaut wird. Die anderen Stockwerklagerstätten sind entweder in zu geringem Maße abgebaut oder dienen aus verschiedenen Gründen gegenwärtig noch als Reserve.

Bekanntlich ist die Suche nach einer wissenschaftlichen Begründung für die Dichte des Erkundungsnetzes bisher ohne Erfolg geblieben. In die Formeln der mathematischen Statistik gehen die Abstände zwischen den Erkundungsbauen und die Größe der Lagerstätten nicht ein. Da die Fehler bei der Bestimmung der Lagerstättenparameter von der Anzahl der Abbaue und ihrer Lage zu den Erzkörpern abhängig sind, kann versucht werden, solche Abhängigkeit durch Auflockerung der Ausgangsnetze festzustellen bei Nutzung des analytischen Verfahrens als Hilfsverfahren. Zur Analyse der Ausgangsnetze für eingehend erkundete Lagerstätten, die sich durch Konstanz ihrer Eigenschaften auszeichnen, ist dies ein ausreichend zuverlässiges Verfahren.

Zweifellos kann dieses Verfahren mit hoher Effektivität zur Bestimmung der Dichte des Erkundungsnetzes im Stadium der Vorerkundung verwendet werden, weil die Ermittlung der Durchschnittswerte mit einer Genauigkeit, die ihren Aufgaben genügt, auch ohne überflüssige Erkundungsbaue im Ausgangsnetz möglich ist.

Die dargelegten Überlegungen gestatteten, als Ausgangsergebnisse der Bohrungen die Ergebnisse von Bohrungen der eingehenden Erkundung zu verwenden und nur für die Lagerstätte Kounrad die Angaben der Sprengbohrungen beim Abbau.

Zur Bestimmung der Fehler bei der Berechnung der Hauptparameter für die Lagerstätten bei unterschiedlichen Abständen zwischen den Bohrungen wurden viele Lagevarianten der aufgelockerten Netze hinsichtlich der Erzkörper untersucht (Tab. 1).

Bei der Auswahl des optimalen Netzes wurden neben den Durchschnittsfehlern, die für alle Varianten des Netzes ein und derselben Dichte ermittelt wurden, die Maximalwerte berücksichtigt. Dabei wurde das Netz mit einer bestimmten Dichte nur in dem Fall als geeignet anerkannt, wenn die Fehler nur bei einer kleinen Anzahl von Varianten die zulässigen Werte überschritten, die vernachlässigt werden konnten, ohne große Gefahr, einen Fehler zu begehen.

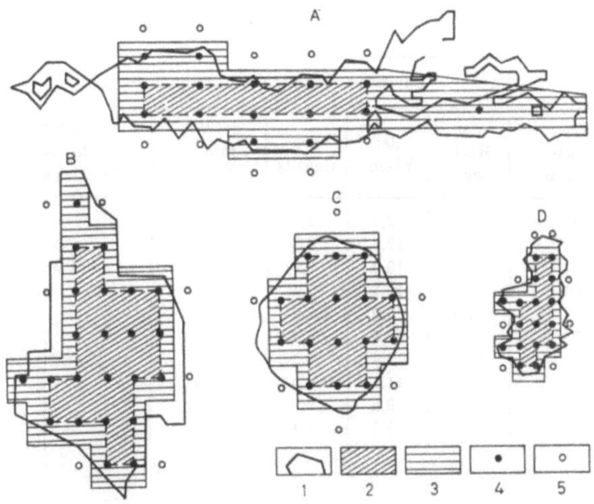

Abb. Einzelne Varianten für die Lage der Erkundungsnetze zu den Erzkörpern der Lagerstätten Boschtschekul (A), Kadsharan (B), Bugdain (C), Scherlowaja Gora (D)

1 – Kontur der industriell nutzbaren Erze; 2 – Vorräte der Klasse C_1; 3 – Vorräte der Klasse C_2; 4 – erzfündige Bohrungen; 5 – Konturierungsbohrungen

Tabelle 1

Lagerstätten	Ausgangsnetze m	Anzahl der Varianten für die Auflockerung des Ausgangsnetzes
Kounrad	25 × 25	516
Almalyk	100 × 100	199
Boschtschekul	50 × 100	442
Kadsharan	100 × 100	177
Scherlowaja Gora	40 × 50	52
Obere Kajrakty	100 × 100	104
Orekitkan	200 × 200	29
Shireken	100 × 100	66
Koktenkol	100 × 200	19
Bugdain	100 × 100	75

Bei geringer Konzentration der nutzbaren Komponente in den Erzen werden die Grenzen der industriell nutzbaren Erze in Abhängigkeit von der Genauigkeit der Bestimmung ihres Durchschnittsgehalts festgelegt. Das ist ein entscheidender Faktor bei der Einschätzung ihrer Eigenschaften und Vorräte. Deshalb wurde der zulässige Fehler bei der Gehaltsbestimmung rechnerisch so festgelegt, daß sein Wert etwas kleiner als die Differenz zwischen dem Durchschnitts- und dem minimalen industriellen Gehalt ist, berechnet in Prozenten zum Durchschnittsgehalt nach dem Ausgangserkundungsnetz. Bei solchen Werten der zulässigen Fehler waren die Durchschnittsgehalte an nutzbaren Komponenten etwas größer als die in den Konditionen festgelegten industriellen Minimalgehalte und sicherten die Wahl eines Erkundungsnetzes einer solchen Dichte, bei der industriell nutzbare Erze nicht als Außerbilanzerze eingeschätzt werden konnten.

Für die zulässigen Fehler bei der Bestimmung der durchschnittlichen Mächtigkeit oder der Erz- und Metallvorräte wurden solche Werte angenommen, die erlaubten, die Lagerstätte nach ihrer Größenordnung einzuschätzen, d. h., so daß sich die Fehler bei der Berechnung der Vorräte nach aufgelockerten Netzen nicht wesentlich auf die Bestimmung der möglichen Kapazität des zukünftigen Betriebs auswirken. Dieser Bedingung entsprach für alle Lagerstätten ein Fehler von $\pm 30\%$.

Wenn in den Erzkörpern nicht den Konditionen entsprechendes Erz und taubes Gestein weit verbreitet war, wurden Erzführungskoeffizienten und die Fehler bei ihrer Bestimmung errechnet. Die Rechenoperationen erfolgten auf elektronischen Rechnern.

Zweifellos können die Werte der aufgelockerten Erkundungsnetze nur dann berücksichtigt werden, wenn die Ausgangsnetze, d. h. die dichtesten Netze, ausreichend zuverlässig sind. Von der Zuverlässigkeit der Netze, die von den Verfassern als Ausgangsnetze verwendet wurden, kann man sich mit Hilfe der bekannten Formel der mathematischen Statistik überzeugen:

$$P = \frac{vt}{\sqrt{n}}$$

Dabei ist:

P — Fehler;

v — Variationskoeffizient;

t — Wahrscheinlichkeitskoeffizient;

n — Anzahl der Bohrungen.

Die Fehler, die nach dieser Gleichung für alle Lagerstätten bei einer Wahrscheinlichkeit von 0,95 ($t = 2$) errechnet wurden, betragen für die Mächtigkeit 6—19% und für den Gehalt 3—14%. Die angegebenen Werte sind etwas überhöht, weil die der Lagerstätten eigene lokale Gesetzmäßigkeit berücksichtigt wurde. Die angeführten Fehler erlauben, die Ausgangsnetze als Grundlage zur Bestimmung der optimalen Dichte des Erkundungsnetzes und für die Präzisierung der Abstände zwischen den Abbauen nach den Vorschriften der Staatlichen Vorratskommission zu betrachten.

Die Hauptergebnisse der Analyse der Ausgangsnetze (Tab. 2) haben gezeigt, daß für die Vorerkundung der betrachteten und ihnen analogen Lagerstätten folgende Netze verwendet werden können: für Kupferstockwerke 200×400 und 300×300 m, für Kupfer-Molybdän-Stockwerke 200×300 m, für Zinnstockwerke 120×150 m, für Wolframstockwerke 300×300 m und für Molybdänstockwerke 200×200, 200×300 und 400×400 m. Die Anzahl der Bohrungen innerhalb der Umgrenzung der Lagerstätte schwankten je nach ihrer Lage zu den Erzkörpern zwischen 7 und 24, durchschnittlich zwischen 10 und 20. Für eine grobe Umgrenzung der Erzkörper sind 5—10 Bohrungen im Plan ausreichend. Einige Varianten der Anordnung der Erkundungsnetze in bezug auf Erzkörper sind für die Lagerstätten Boschtschekul, Kadsharan, Bugdain und Scherlowaja Gora in der Abbildung dargestellt.

Die Fehler bei der Bestimmung des durchschnittlichen Gehalts an nutzbaren Komponenten, ihrer Vorräte und der Erzführungskoeffizienten sind bei der angegebenen Anzahl von Bohrungen bedeutend niedriger als die bei den Vorerkundungen zulässigen und überschreiten nicht 11,7; 24,2 bzw. 12,0%. Bei solchen Fehlergrößen werden die Vorräte der Nutzkomponenten aller erwähnten Lagerstätten entsprechend den bestätigten Konditionen als industrielle und große eingeschätzt.

Die Differenzen zwischen den Werten der Durchschnittsfehler bei der Gehaltsbestimmung der Nutz-

Tabelle 2

Lagerstätten	Fläche %	Empfohlene Netze (m)	Anzahl der Bohrungen			Durchschnittsfehler der Bestimmungen (%)				
			Erze	%	Konturierungsbohrungen	der Mächtigkeit	der Fläche	des Gehalts	der Vorräte an Metallen	des Erzführungskoeffizienten
Kounrad	100	300 × 300	9–11	10	5–6	–	12,1	11,7	15,1	–
Almalyk	130	300 × 300	9–15	12	6–7	14,1	12,6	6,2	17,7	7,3
Boschtschekul	150	200 × 400	14–21	17	10	15,8	10,0	3,9	14,3	9,3
Kadsharan	150	200 × 300	16–24	20	8–10	5,6	15,4	2,4	16,6	–
Scherlowaja Gora	35	120 × 150	13–21	16	8–10	13,3	5,0	8,0	16,3	–
Obere Kajrakty	130	300 × 300	7–11	9	5–6	–	23,6	5,4	24,2	–
Orekitkan	265	400 × 400*)	19–21	20	7–8	12,7	2,4	4,5	7,7	12,0
Shireken	90	200 × 200	13–18	16	7–8'	10,8	11,1	6,5	13,2	10,5
Koktenkol	70	200 × 300	9–11	10	6–7	11,1	6,6	2,9	7,2	–
Bugdain	100	200 × 300	13–17	15	5–6	15,2	5.1	8,3	8,3	3,9

*) Das Netz 200 × 200 m für die Einschätzung der Vorräte in Klasse C_1.

komponenten, die nach zwei Verfahren (Auflockerung des Erkundungsnetzes und analytisch) berechnet worden sind, erreichen in seltenen Fällen 3—5,6%, bei der Bestimmung der Mächtigkeit 4—10% für alle Varianten der Auflockerung des Erkundungsnetzes.

Die maximalen Fehler, die für die in Tab. 2 angegebenen Netze ermittelt worden sind, waren größer als die zulässigen Werte nur bei einem geringen Teil der Netzvarianten, die für die Lagerstätten Kounrad, Almalyk, Boschtschekul und Scherlowaja Gora verwendet wurden. Ihre Werte sind in Tab. 3 abzulesen.

Aus Tab. 3 ist zu ersehen, daß die Wahrscheinlichkeit einer fehlerhaften Einschätzung des durchschnittlichen Gehalts und der Vorräte für die Lagerstätten Kounrad, Boschtschekul und Scherlowaja Gora nicht groß ist. Was die Lagerstätte Almalyk anbelangt, so haben die in Tab. 3 angegebenen Maximalfehler keinen Einfluß darauf, sie zur Gruppe der großen zu rechnen.

Entsprechend den Instruktionen der Staatlichen Vorratskommission werden die Vorräte der Stockwerklagerstätten dann zur Klasse C_1 gerechnet, wenn die Dichte des Erkundungsnetzes zu einem Einflußbereich der Bohrungen 10000—14000 m² für Stockwerke des Typs von Scherlowaja Gora und 40000—90000 m² für den Typ Kounrad sowie 14000—40000 m² für die Stockwerke der anderen Typen nicht überschreitet. Netze mit einem Einflußbereich der Bohrungen von 60000—160000 m², die optimal für die Stockwerke der

Tabelle 3

Lagerstätten	Maximale Fehler der Bestimmungen (%)				Variantenzahl mit Fehlern, die die zulässigen übersteigen, in % zur Gesamtzahl der Varianten	
	des Gehalts		der Vorräte		für den Gehalt	für die Vorräte
Kounrad	+43,7	−27,5	+73,1	−42,0	7,5	8,6
Almalyk	+37,3	–	+63,3	−59,1	5,5	22,2
Boschtschekul	–	–	+41,9	−29,4	–	8
Scherlowaja Gora	–	−19,2	+40,0	–	11,0	11,0

Tabelle 4

Lagerstätten	Netze, die in den Instruktionen der Staatlichen Vorratskommission vorgesehen werden (m)	Empfohlene Netze (m)
Kounrad	200–300 × 200–300	300 × 300
Almalyk	150–200 × 150–200	300 × 300
Boschtschekul	150–200 × 150–200	200 × 400
Kadsharan	120–200 × 120–200	200 × 300
Scherlowaja Gora	100–120 × 100–120	120 × 150
Obere Kajrakty	120–200 × 120–200	300 × 300
Orekitkan	120–200 × 120–200	200 × 200
Shireken	100–120 × 100–120	200 × 200
Koktenkol	120–200 × 120–200	200 × 300
Bugdain	120–200 × 120–200	200 × 300

übrigen Lagerstätten sind, müssen laut Instruktion der Staatlichen Vorratskommission der Klasse C_2 entsprechen. Es kann jedoch kaum außer acht gelassen werden, daß die Eigenschaften dieser großen Stockwerke aushaltend sind und daß bei den angegebenen Netzen mit 10—20 Bohrungen, die gleichmäßig über das Gebiet verteilt sind, die Vorräte zuverlässiger berechnet werden können als Vorräte der Klasse C_2, die sich lediglich auf einzelne Erkundungsbaue stützen und nur das Vorhandensein von Erzen bestätigen.

Danach kann angenommen werden, daß dem Untersuchungsgrad, der für die zentralen aus einheitlichsten Abschnitten der Lagerstätten bei Verwendung der in Tab. 2 angegebenen Netze erreicht werden kann, am ehesten die Kategorie C_1 entspricht. Wenn von dieser Annahme ausgegangen wird, können die Vorräte dieser Klasse in den betrachteten Stockwerken bei größeren Abständen zwischen den Bohrungen und folglich mit einer geringeren Anzahl von Bohrungen erkundet werden, als das in den Instruktionen der Staatlichen Vorratskommission vorgesehen ist (Tab. 4).

Die empfohlenen Netze gewährleisten somit die Bestimmung der notwendigen Daten mit einer für die industrielle Einschätzung der betreffenden Lagerstätten ausreichenden Genauigkeit. Trotzdem sollen sie nicht als Standard gelten und für alle großen Stockwerke ohne

Ausnahme verwendet werden, sondern entsprechend den jeweiligen Besonderheiten der Lagerstätten ausgewählt werden.

Gegenwärtig ist eine entsprechende Analogieeinschätzung in Abhängigkeit vom Veränderlichkeitsgrad der Lagerstätte nur auf Grund von Vorstellungen über ihren geologischen Typ möglich. Für die Begründung des Vorerkundungsnetzes kann sich der Geologe unter Verwendung der Such- und Erkundungsergebnisse, und nachdem er sich davon überzeugt hat, daß die zu erkundende Lagerstätte tatsächlich zum Stockwerktyp gehört, nach den Angaben der Tab. 2 orientieren, sie während der Erkundung korrigieren, indem er die Ähnlichkeiten oder Unterschiede zwischen den zu erkundenden und den in Tab. 4 angeführten Lagerstätten berücksichtigt.

Stimmt der Veränderlichkeitsgrad der Durchschnittsgehalte an nutzbaren Komponenten bei den Stockwerklagerstätten überein, so erleichtert das zweifellos die Wahl der Dichte des Erkundungsnetzes. Nicht weniger wichtig ist auch, daß die Anzahl der Bohrungen auf Erz, die für die Vorerkundung dieser Lagerstätten notwendig ist, sich in sehr engen Grenzen verändert und nicht von der Verteilungsfläche der industriell nutzbaren Erze abhängig ist.

Die Teufe der Bohrungen kann auf die Höhenlage der Sohle der Tagebaue des ersten Bauabschnitts begrenzt werden unter der Bedingung, daß einige Bohrungen den Erzkörper bis zur unteren Grenze durchfahren. Da jedoch die Gesamtzahl der Bohrungen für die Vorerkundung nicht groß ist, ist vorzuziehen, daß dort, wo es zweckmäßig ist, alle Bohrungen bis zur vollständigen Durchörterung der industriell nutzbaren Erze niedergebracht werden.

Zur Analyse des Begriffs der geologischen Formation

WILFRIED PAECH, Berlin

(Mitteilung aus dem Zentralen Geologischen Institut, Berlin)

Einleitung

Der Begriff der geologischen Formation erfuhr wie kaum ein anderer während seiner beinahe zweihundertjährigen Geschichte die mannigfaltigsten und widersprüchlichsten Interpretationen. Erstmals gebrauchte ihn WERNER (1791) in seiner Schrift „Neue Theorie von der Entstehung der Gänge“, nicht aber FÜCHSEL, worauf in den letzten Jahren bereits SCHINDEWOLF (1960), FRANKE (1962) und WASSOJEWITSCH (1966) hingewiesen haben. Bereits zu Ende des 18. Jahrhunderts bemängelte HEIM die mehrdeutige Verwendung des Formationsbegriffs, indem er schrieb: „Eine Formation nenne ich einen solchen Haufen zusammengehörender Lager, bloß in Hinsicht auf die allgemeine Grundform, nach welcher sich ihre Bildung richtet, mit gänzlicher Ausschließung allen Begriffes von Zeit und relativem Alter, der zuweilen bei diesem Wort hinzugedacht zu werden pflegt“ (1798, S. 6–7).

Diese sich bereits in den Anfängen abzeichnende Widersprüchlichkeit im Inhalt des Formationsbegriffs blieb bis in die Gegenwart erhalten. Niemals wurde der Begriff der geologischen Formation eindeutig und endgültig definiert. In der heutigen Zeit wird versucht, ihm entweder eine lithostratigraphische[1]) oder eine lithogenetische Bedeutung beizumessen. Eine Analyse der Entwicklung und Bedeutungswandlung des Formationsbegriffs wurde bereits in früheren Arbeiten gegeben (POPOW 1959, SCHINDEWOLF 1960, FRANKE 1962, WASSOJEWITSCH 1966, DRAGUNOW 1966 u. a.) und soll hier nicht wiederholt werden.

Die Formation als „lithostratigraphische“ Einheit

Bevor wir uns mit den Problemen der geologischen Formation im lithogenetischen Sinne und ihrer Anwendung befassen, wollen wir kurz auf die Formation als Terminus zur Kennzeichnung großer „lithostratigraphischer“ Einheiten eingehen. In diesem Zusammenhang erscheint es wichtig, darauf hinzuweisen, daß die Formation in der deutschen geologischen Literatur unrichtig anstelle des Begriffs „System“ in der stratigraphischen Nomenklatur Verwendung findet, was im Widerspruch zum Beschluß des II. Internationalen Geologenkongresses 1881 in Bologna steht (Résolution ... 1881).

In der amerikanischen geologischen Literatur werden große „lithostratigraphische“ Einheiten mit mehr oder weniger einheitlicher lithologischer Zusammensetzung als Formationen („formations“) bezeichnet. In den letzten Jahren hat eine zunehmende Anzahl von Ländern, darunter die USA, Großbritannien, Australien, Frankreich, Pakistan und Norwegen (s. SHAMOIDA 1969) den Formationsbegriff in „lithostratigraphischer“ Bedeutung in ihren nationalen stratigraphischen Codex aufgenommen. Dieser Richtung folgt auch der Vorschlag der Internationalen Subkommission zur stratigraphischen Terminologie (HEDBERG 1961), obwohl die 1881 in Bologna angenommene Resolution festlegte, die Formation aus der stratigraphischen Nomenklatur auszuschließen. Ähnlich wie SCHINDEWOLF (1960) und SHAMOIDA (1969) ist Verf. der Ansicht, daß eine Wiederaufnahme der Formation in das stratigraphische Vokabular nicht erfolgen sollte.

Die Formation als lithogenetische Einheit[2])

Nach dem Beschluß von Bologna 1881 konnte der Begriff der Formation zur Kennzeichnung großer lithogenetischer Einheiten verwendet werden, nachdem er in den Jahrzehnten zuvor in zunehmendem Maße stratigraphisch verstanden worden war.

Erstmalig nach diesem Kongreß gebrauchte ihn BERTRAND (1897) im lithogenetischen Sinne. Innerhalb eines geotektonischen Zyklus schied er aufeinanderfolgend Gneis, Glanzschiefer, Flysch und Puddingmolasse als Formationen („formations de montagne“) aus, die jeweils ein bestimmtes Stadium im Zyklus kennzeichnen sollten.

Wesentlich früher als BERTRAND hat jedoch v. HUMBOLDT (1823) die Formation auch in diesem Sinne gebraucht, wenn man ihn auch oft als Vertreter der stratigraphischen Richtung charakterisiert hat (z. B. PUSCH 1826, FRANKE 1962). v. HUMBOLDT verstand unter einer Formation „einmal die Bildungsart eines Gesteines, zum anderen ein System mineralischer Massen, welche auf solche Weise untereinander verbunden sich zeigen, daß man sie alle als gleichzeitig entstanden achten darf, daß sie selbst in den fernsten Gegenden

Eingang des Manuskripts in der Redaktion: 30. 10. 1970.

[1]) Im Sinne der amerikanischen Geologen.

[2]) Die Formation der sowjetischen Geologen wird gesondert behandelt.

die nämlichen allgemeinen Bedingungen wahrnehmen lassen, was Lagerung und Bestand angeht" (1823, S. 1).

Hierbei ist das Wörtchen „gleichzeitig" sowohl im stratigraphischen als auch im stadialen Sinne aufzufassen. Dieser Umstand findet seinen Ausdruck in der Ausscheidung von parallelen (altersgleichen, aber lithologisch verschiedenen) und identischen (altersverschiedenen, aber lithologisch gleichen) Formationen.

In den auf die erste Arbeit von BERTRAND (1897) folgenden Jahren und Jahrzehnten erkannte man, hervorgerufen durch stetig anwachsenden Informationsfluß aus allen Bereichen der geologischen Wissenschaften, immer klarer den Zusammenhang zwischen Ablagerungskomplexen und ihren vielgestaltigen Bildungsbedingungen. Neben dem Begriff der Formation gebrauchte man auch synonyme Ausdrücke, wie z. B. Fazies (KOBER 1928, TERCIER 1940), Gesteinsstamm (GOLDSCHMIDT 1922), verwandte Assoziation (FAIRBRIDGE 1958) und lithologische Assoziation (KRUMBEIN & SLOSS 1963).

Der Formationsbegriff in der sowjetischen geologischen Literatur

Seit Mitte der dreißiger Jahre findet in der sowjetischen geologischen Literatur der Begriff der geologischen Formation zur Kennzeichnung komplexer stofflich-genetischer Zusammenhänge Verwendung. Formationelle Untersuchungen sind seitdem zu einem wichtigen und untrennbaren Bestandteil großräumiger geologischer Arbeiten in der Sowjetunion geworden. Entscheidende progressive Gedanken zur Bestimmung des Begriffsinhalts der Formation hat eine Vielzahl von Arbeiten sowjetischer Autoren gebracht. In den vergangenen Jahren wurden von der sowjetischen Geologie sehr große Fortschritte bei der Verallgemeinerung geologischen Wissens über große Räume auf der Grundlage der Lehre von den geologischen Formationen erzielt.

Diese allgemein positive Einschätzung der Leistungen der sowjetischen Geologie auf dem Gebiet der Formationslehre kann und soll nicht bedeuten, daß in den einzelnen Forschungsinstituten, die sich mit formationellen Untersuchungen beschäftigen, zu diesen Problemen Einigkeit und Klarheit herrschen. Es versteht sich von selbst, daß das Behandeln der Formationsanalyse im wesentlichen vom Inhalt des Formationsbegriffs in der Anwendung des jeweiligen Bearbeiters abhängt.

Eine äußerst kritische Einschätzung der auf dem Gebiet der Formationsanalyse entstandenen Widersprüche und Differenzen haben unlängst WORONIN & JEGANOW (1969) gegeben. Sie schreiben: „Allgemein kann man sagen, daß die Formationsanalyse heute eine Anhäufung einzelner Methoden ist, die in unterschiedlicher Weise einander unähnlich sind, wobei die Ziele, bei denen diese Methoden angewendet werden, nicht eindeutig abgesprochen sind. Es fehlt die Genauigkeit bei der Stellung der formationellen Aufgaben. Eine solche Lage muß man als unbefriedigend ansehen, obwohl die Unklarheiten der Lehre von den Formationen in der Literatur weitaus weniger als ihre Erfolge betont werden ... und es bei weitem unklar bleibt, welche Maßstäbe bei der Einschätzung dieser Erfolge angelegt worden sind und inwieweit solche Kriterien als objektiv gelten können" (1969, S. 123–124).

Die nachfolgenden Zitate von Definitionen des Formationsbegriffs beschränken sich auf die wesentlichsten Arbeiten und Autoren, die sich mit diesem Problem auseinandergesetzt haben. Es ist unmöglich, die ganze Vielfalt von Vorstellungen über die geologischen Formationen unter Berücksichtigung der verschiedenen Richtungen und der ihnen untergeordneten Variationen wiederzugeben.

An dieser Stelle sei nur vermerkt, daß das 1970 unter der Leitung von KOSSYGIN & PARFENOW zusammengestellte Kompendium der in der russischen Literatur gebräuchlichen tektonischen Termini etwa zu einem Zehntel seines Gesamtumfangs (beinahe 500 Seiten) den geologischen Formationen gewidmet ist (Spravotschnik po tektonitscheskoj terminologii 1970).

Im wesentlichen sind zwei Richtungen im Auffassen des Formationsbegriffs zu unterscheiden: eine genetische und eine paragenetische (DRAGUNOW 1966). Der prinzipielle Unterschied zwischen diesen beiden Richtungen besteht im Verfahren der Ausscheidung von geologischen Formationen. Die einen geben den genetischen Faktoren den Vorrang bei der Abgrenzung der Formation von den benachbarten Bildungen, die anderen aber bevorzugen die objektiv erkennbare Gesteinsparagenese bei der Formationsausscheidung.

Es muß Klarheit darüber bestehen, daß formationelle Untersuchungen dem Auffinden genetischer Zusammenhänge verschiedenartiger, gesetzmäßig miteinander verbundener Ablagerungskomplexe dienen. Die Aufklärung der paragenetischen Beziehungen der einzelnen Glieder einer Formation zueinander schafft die Voraussetzungen für die Herausarbeitung allgemeiner genetischer Zusammenhänge zwischen ihnen.

Das Erkennen solcher Verbindungen ist das Ziel aller formationsanalytischen Forschungen, ungeachtet der unterschiedlichen Einstellung der verschiedenen Bearbeiter bei der Ausscheidung der Formationen.

Das genetische Prinzip der Ausscheidung von geologischen Formationen

Vertreter der genetischen Richtung sind BELOUSSOV, CHAIN, MURATOW, POPOW, RUCHIN, STRACHOW, WASSOJEWITSCH u. a. Die genetische Richtung läßt sich in einen tektonischen, einen paläogeographischen und einen klimatischen Zweig untergliedern, je nachdem, welcher Faktor als dominierend bei der Klassifikation angesehen wird. Die Bedeutung der Tektonik für die Ausscheidung geologischer Formationen betonen BELOUSSOW, CHAIN, MURATOW und WASSOJEWITSCH, während POPOW den paläogeographischen, STRACHOW den klimatischen und RUCHIN den tektonisch-klimatischen Faktor unterstreichen.

BELOUSSOW gibt folgende Definition: „Die sedimentäre Formation ist ein Komplex von Fazies sedimentärer Schichten ... Jede sedimentäre Formation entspricht einem bestimmten Stadium des geotektonischen Zyklus und einer bestimmten geotektonischen Zone" (1962, S. 175).

Nach MURATOW (1949) sind sedimentäre Formationen natürliche sedimentäre Komplexe, die durch Schichtlücken bzw. Diskordanzen begrenzt sind und jeweils einer bestimmten Entwicklungsetappe eines Gebiets entsprechen sowie durch Besonderheiten bei der Sedimentbildung, durch die Verteilung der Liefergebiete des klastischen Materials und durch das Bewegungsregime gekennzeichnet werden.

CHAIN definierte die Formation folgendermaßen: „Die Formation ist eine gesetzmäßige und natürliche Verbindung (Paragenese, Komplex, Assoziation) einer bestimmten Gruppe sedimentärer, vulkanogener oder intrusiver Gesteine, die sich während eines bestimmten Entwicklungsstadiums einer Großstrukturzone der Erdkruste gebildet haben" (1964, S. 127).

WASSOJEWITSCH (1966) nennt eine sedimentäre Geogeneration (Formation) einen mächtigen Ablagerungskomplex, der nach dem strukturell-faziellen Prinzip, nach den entsprechenden lithologisch-geotektonischen Kennzeichen ausgeschieden wird. „Die sedimentäre Geogeneration ist vor allem eine geologische Formation (Geoformation), die nach geotektonischen und paläoklimatischen Kennzeichen ausgeschieden wird" (1966, S. 7). Weiter fährt er fort: „Das ist ein mächtiger Ablagerungskomplex (gewöhnlich in einer Mächtigkeit von n. 10 bis n. 10^3 m), der einer Folge[3]) oder häufiger einer Reihe von Folgen entspricht und von einer bestimmten Allgemeinheit in bezug auf Zusammensetzung, Bau und Verbreitung gekennzeichnet wird" (1966, S. 7).

POPOW entwickelte seit mehr als 30 Jahren die Lehre von den geologischen Formationen und gab mehrfach veränderte Begriffsbestimmungen. 1966 lautete sie: „Eine geologische Formation heißt eine natürlich-historische Vergesellschaftung genetisch miteinander verbundener Gesteine, die einer bestimmten, dynamisch ausgezeichneten Einheit des geologischen Milieus (d. h. Fazies) entspricht, die während der einen oder anderen Entwicklungsphase (-etappe, -stadium) eines gegebenen Gebiets der Erdkruste entsteht" (1966, S. 11). POPOW (1966) scheidet bereits mehr als 400 Formationen aus, wobei die Tendenz nach eigenen Angaben

[3]) Unter einer Folge („svita") versteht man in der sowjetischen geologischen Literatur einen Ablagerungskomplex, der einem bedeutenden Teil einer Stufe oder sogar mehrerer Stufen entspricht. Zumeist ist seine paläontologische Charakterisierung unzureichend, oder aber seine Grenzen stimmen mit den orthochronostratigraphischen nicht überein.

steigend ist (Formationstagung Leningrad 1968). Demgegenüber führt NALIWKIN (1956) nur zwei Formationen an: Kontinent und Meer.

In der von STRACHOW gegebenen Formationsdefinition heißt es: „Eine Formation von Sedimentgesteinen ist jeder paragenetische Komplex von Sedimentgesteinen, der auf mehr oder weniger ausgedehnten Teilen der Erdkruste entwickelt ist und der in seiner Genese an eine lang anhaltende lokale Entwicklung einer beliebigen Modifikation eines beliebigen Typus des Sedimentationsprozesses gebunden ist" (1956, S. 57). Seiner Auffassung nach sind für die Ausscheidung von Formationen die Bestimmung des Typs des Sedimentationsprozesses, d. h. die Bestimmung der Zugehörigkeit zum ariden, humiden, nivalen oder vulkanogen-sedimentären Sedimentationstyp, die Aufklärung jener Modifikationen des Sedimentogenesetyps, die die Bildung der sedimentären Schichten hervorriefen, und die Klärung des Baus der auszuscheidenden Formationen, der Mächtigkeiten während der verschiedenen Entwicklungsstadien, der faziellen Zonen, der petrographischen Zusammensetzung, der Besonderheiten in der Schichtung usw. wichtig.

RUCHIN versteht unter Formationen „die genetische Gesamtheit von Fazies, die sich inmitten anderer durch die Besonderheiten ihrer Zusammensetzung oder ihres Baus hervorhebt und sich beständig auf einem mehr oder weniger großen Teil der Erdoberfläche unter einem bestimmten tektonischen und klimatischen Regime bildet" (1969, S. 581).

Allen hier angeführten Definitionen des Formationsbegriffs ist gemeinsam, daß ihnen genetische Kennzeichen zugrunde liegen, d. h., erst nach der Klärung der Genese eines Ablagerungskomplexes kann dieser als Formation ausgeschieden werden. Im Gegensatz hierzu wird bei der paragenetischen Richtung ein nach lithologisch-petrographischen und gefügemäßigen Merkmalen ausgeschiedener Paragenesekomplex genetisch als Formation (als lithogenetische Einheit) betrachtet.

Das paragenetische Prinzip der Ausscheidung von geologischen Formationen

Zu den bedeutendsten Vertretern der paragenetischen Richtung sind SCHATSKIJ, CHERASKOW, DRAGUNOW, KRUT, KOSSYGIN, WORONIN und JEGANOW sowie andere zu zählen. In den von ihnen gegebenen Begriffsbestimmungen werden die stofflichen und gefügemäßigen Merkmale der Formation unterstrichen sowie die Eigenschaft der geologischen Formation als geologischer Körper betont.

N. S. SCHATSKIJ nahm als erster den Paragenesebegriff in die Formationsdefinition auf (1939), wobei er unter der Paragenese das gesetzmäßige gemeinsame Auftreten genetisch verschiedenartiger Gesteine in einem Komplex verstand. Er nannte die geologischen Formationen „natürliche Komplexe (Vergesellschaftungen, Assoziationen) von Gesteinen, deren einzelne Glieder (Gesteine, Schichten, Pakete) paragenetisch in Zeit und Raum (Wechsellagerung, Aufeinanderfolge, fazielle Übergänge) eng miteinander verbunden sind. Man kann sie nur als geologische Körper verstehen. Formationen sind an bestimmte tektonische Strukturen gebunden" (1955, S. 8).

Eine der besten und klarsten Definitionen hat CHERASKOW gegeben: „Formationen heißen natürliche Assoziationen von Gesteinen und mit ihnen verbundener Mineralbildungen, deren einzelne Glieder (Gesteine, Schichten, Pakete) im Ergebnis paragenetischer Beziehungen eng miteinander in der Zeit (Wechsellagerung und andere Lagerungsarten, einige gerichtete Reihen) und im Raum verbunden sind. Formationen werden durch die Zusammensetzung der Gesteine, den Bau und die Wechselbeziehungen mit anderen Formationen gekennzeichnet. Geringere Bedeutung haben Form und Ausmaße. Von benachbarten Formationen wird eine gegebene Formation durch einen gewissen Sprung abgetrennt, der von qualitativen Veränderungen der Bildungsbedingungen zeugt" (1952, S. 50).

Die Kennzeichnung der Formation als eines natürlichen geologischen Körpers erlangt in den Begriffsbestimmungen von DRAGUNOW (1966), KRUT (1968), KOSSYGIN (1969) u. a. große Bedeutung.

„Die Paragneration (d. h. Formation, W. P.) ist ein geologischer Körper, der eine natürliche elementare Vergesellschaftung von Gesteinen in ihren gesetzmäßigen Verbindungen (in einer Struktur von bestimmtem Typ) darstellt und von einer Fläche begrenzt wird, bei deren Überschreiten die Geschlossenheit der stofflichen und gefügemäßigen Charakteristik einen Bruch erfährt (S. 42—43) ... Sie wird durch die Zusammensetzung und das Gefüge der Paragenese gekennzeichnet" (DRAGUNOW 1966, S. 41).

KRUT (1968b) bezeichnet als Formation natürliche geologische Körper, die einem selbständigen Organisationsniveau der Materie entsprechen. Die Elemente seiner Formation befinden sich in einem paragenetischen Zusammenhang.

Für KOSSYGIN ist die geologische Formation eine Assoziation von Körpern, die allein nach lithologisch-petrographischen und gefügemäßigen Merkmalen ausgeschieden werden, in ihren Ausmaßen aber bestimmten Größenordnungen entsprechen. „Wir verstehen unter geologischen Formationen Assoziationen von Gesteinen, die nach ihrem gemeinsamen Vorkommen in großen geologischen Körpern vereinigt werden; solche Assoziationen werden durch ein bestimmtes Gefüge und eine bestimmte gesetzmäßige Verknüpfung der sie aufbauenden Gesteine charakterisiert" (KOSSYGIN 1969, S. 304).

Eine gewisse Sonderstellung unter den Vertretern der paragenetischen Richtung nehmen WORONIN & JEGANOW (1969) ein, indem sie die Natürlichkeit der geologischen Formationen anzweifeln und ihre Ausscheidung von willkürlichen, der gegebenen Aufgabenstellung entsprechenden Parametern abhängig machen. Ihren Formationen liegen formale Kriterien zugrunde. Ihrer Meinung nach sind Formationen Gruppen von Gesteinen mit einer gemeinsamen Eigenschaft. Die Paragenese als Komplex gesetzmäßig miteinander in enger paragenetischer Beziehung auftretender Gesteine, d. h. von Gesteinen, die genetisch mittelbar verbunden sind, hat in ihrer Formation keinen Platz mehr. Die Formation bildet eine stoffliche, aber keine räumliche oder genetische Einheit.

Hiermit verlassen die beiden zuletzt genannten Autoren ein Prinzip, das beinahe zwei Jahrhunderte Inhalt und Wesen formationellen Denkens und Forschens bestimmt hatte, nämlich die Suche nach gesetzmäßigen Zusammenhängen zwischen größeren Gesteinskomplexen und der Entwicklung der Erdkruste in geotektonischer, paläogeographischer, klimatischer u. a. Hinsicht.

Die meisten der angeführten Definitionen beziehen sich lediglich auf den Begriffsinhalt von sedimentären Formationen. Jedoch betrachtet eine Reihe von ihnen auch die Gesamtheit der verschiedenen möglichen Entstehungsbedingungen von Gesteinen und Gesteinskomplexen (sedimentär, magmatisch und metamorph). Während die Frage nach der Existenz von metamorphen Formationen widersprüchlich beantwortet wird [POLOWINKINA (1970) bestreitet die Selbständigkeit der metamorphen Formationen, weil kein neuer Stoff geschaffen wird; KOSSYGIN (1969) aber spricht sich für die gesonderte Ausscheidung von metamorphen Formationen aus], werden magmatische Formationen bzw. magmatische Komplexe mit Erfolg von KUSNEZOW (1964), BILIBIN (1959), USTIJEW (1963, 1969), AFANASJEW u. a. (1968) ausgeschieden.

Nach BILIBIN ist die Intrusivformation „die Gesamtheit von immer in gemeinsamer Entwicklung anzutreffenden Gesteinen, die etwa von ein und derselben petrographischen Assoziation vertreten wird. Letztere ist in sogar weit voneinander entfernten Gebieten ihrer Entwicklung und unterschiedlichen geologischen Alters beständig anzutreffen. Sie ist räumlich bestimmten tektonischen Gebieten zugeordnet, zeitlich aber einer bestimmten Phase des magmatischen Zyklus. Die Intrusivformation besitzt eine Reihe geochemischer, petrochemischer und mineralogischer Besonderheiten, die auf die Entstehung aus dem Magma ähnlicher Zusammensetzung im Ergebnis ein und desselben Evolutionsprozesses hinweisen" (1959, S. 241—242).

Äußerst straff definierte KUSNEZOW die magmatische Formation als allgemeinsten Begriff zur Kennzeichnung konkreter Assoziationen magmatischer Gesteine: „Jeder magmatische Komplex wird durch einen bestimmten Gesteinsverband, die Besonderheiten der chemischen und mineralogischen Zusammensetzung, den Charakter der Wechselbeziehungen zu anderen Gesteinskomplexen und zu sedimentären Formationen, besonders aber durch den inneren

Bau und die Lagerungsformen sowie durch die Zugehörigkeit zu der einen oder anderen geologischen Struktur charakterisiert" (1964, S. 20).

Den magmatischen Formationen von USTIJEW (1963, 1969) und AFANASJEW u. a. (1968) liegen ebenso wie bei den obengenannten beiden Autoren Paragenesen magmatischer Gesteine zugrunde.

Gegenwärtige Probleme im Verstehen des Formationsbegriffs

Die zitierten Beispiele von Definitionen des Formationsbegriffs führen die um ihn entstandene Verworrenheit und die damit verbundene Unbestimmtheit in seiner Anwendung klar vor Augen. Der heutige Zustand der Lehre von den geologischen Formationen kann in keiner Weise den an sie gestellten Forderungen genügen, weil:

1. es keine allgemein anerkannte Begriffsbestimmung der geologischen Formation gibt (obwohl sich immer mehr Autoren der 1952 von CHERASKOW gegebenen Definition anschließen);
2. die Kriterien zur Ausscheidung von geologischen Formationen kaum als objektiv zu bewerten sind;
3. keine konkreten Vorstellungen über die räumlichen Größenordnungen der Formationskörper bestehen;
4. auf dieser Grundlage die Ausscheidung von Formationen der Willkür des Bearbeiters überlassen bleibt, wobei er sich von der konkreten Aufgabenstellung leiten lassen wird;
5. eindeutige Wahrheitskriterien für die verschiedenen Formationskonstruktionen fehlen und
6. über Wesen und Aufgaben der Formationsanalyse ungenaue Vorstellungen existieren.

Wegen seiner Subjektivität kann das genetische Prinzip bei der Ausscheidung von geologischen Formationen nicht als Grundlage dienen. Die bei den verschiedenen Bearbeitern eines Ablagerungskomplexes vielfach widersprüchlichen Ansichten über dessen Bildungsbedingungen (d. h. Vorstellungen über dessen Beziehungen zu den entsprechenden Strukturtypen, Entwicklungsstadien, paläogeographischen Einheiten, Klimabereichen usw., die das Milieu bei seiner Bildung in umfassender Weise bestimmt hatten) müssen zwangsläufig zu unterschiedlichen Ergebnissen führen.

Die Ausscheidung von geologischen Formationen nach dem paragenetischen Prinzip, d. h. nach objektiven stofflichen und gefügemäßigen Merkmalen, gibt uns die Möglichkeit, ursächlich gesetzmäßig miteinander verbundene Gesteinskörper bestimmter Größenordnung, die auf der Grundlage der genannten Kriterien jederzeit reproduzierbar sind, in vielfältigster Weise analysieren zu können, ohne daß sich dabei dieser real existierende geologische Körper in seiner Zusammensetzung, seinem Gefüge oder seinen Abmessungen verändern würde. Das paragenetische Prinzip erlaubt darüber hinaus, heterogene Gesteinsassoziationen als Formationen auszuscheiden. Die Frage der Beziehungen von Gesteinen unterschiedlicher Genese (z. B. vulkanischen, pyroklastischen und normalklastischen Ursprungs) wird durch die Einführung der Begriffe von den Haupt- und Nebenbestandteilen der Paragenese geklärt. Die Nebenbestandteile (z. B. Vulkanite oder Erz- und Mineralkonzentrationen in sonst sedimentären Folgen) gehören als gleichberechtigte Komponenten in die geologische Formation, die eine natürliche lithologisch-petrographische, gefügemäßige und historische Einheit ist.

Die Ausscheidung von geologischen Formationen nach dem paragenetischen Prinzip hat wesentliche Bedeutung und erfolgt zuerst empirisch; im Verlauf der Untersuchungen aber ergeben sich die Möglichkeit und Notwendigkeit, den inneren genetischen Zusammenhang der einzelnen Glieder der Paragenese zu erkennen. Jede beliebige Paragenese drückt unter einem bestimmten Gesichtspunkt eine genetische Einheitlichkeit aus, auf welcher Grundlage man ja auch die Formation als große lithogenetische Einheit bezeichnet, deren einzelne Glieder paragenetisch eng miteinander verbunden sind.

Nach BREITHAUPT (1849) ist die Paragenesis der Minerale die mehr oder weniger ausgesprochene Weise ihres Entstehens nebeneinander, wovon natürlich ihre Assoziation (das Zusammenvorkommen) abhängt. In entsprechender Weise können wir auch die Gesteinsparagenese als gesetzmäßige Assoziation genetisch verschiedenartiger, doch zu einer Zeit und in einem Raum entstandener Gesteine und Ablagerungen verstehen.

In Übereinstimmung mit den Gesetzen der formalen Logik kann ein Gegenstand Teil einer Klasse sein und zugleich eine eigene Klasse bilden. Ebenso kann ein Gegenstand durch die vielfältigsten Begriffe als Element verschiedener Klassen erfaßt werden. Durch die Ausscheidung der Formation auf paragenetischer Grundlage wird ein eindeutig definierter Untersuchungsgegenstand geschaffen, der unter den verschiedensten Aspekten betrachtet werden kann, ohne dabei seine stoffliche und gefügemäßige Kennzeichnung zu verlieren.

Auf die Bedeutung einer klaren Unterscheidung von Merkmals- und Bedingungskomplexen haben CHROBOK, KAUTZSCH & MEIER (1968) in ihrer Arbeit zu Problemen der geologischen Fazies hingewiesen. Die von ihnen gemachten Bemerkungen treffen in gleicher Weise auch auf das Problem der geologischen Formationen zu. Jede beliebige geologische, vor allem aber genetische Information ist im Gestein selbst, in seinem Stoff, seinem Gefüge und seinen Lagerungsformen enthalten. Vorstellungen über Alter und Genese von Gesteinen und Ablagerungskomplexen gewinnen wir ausschließlich durch genaues Studium von Stoff und Gefüge, die die primären, real existierenden und objektiv beobachtbaren Informationsträger sind. Deshalb ist es unbedingt notwendig, Merkmals- und Bedingungskomplexe deutlich voneinander zu trennen. In diesem Zusammenhang spielen Konvergenzerscheinungen in der Geologie keine unbedeutende Rolle, worauf SCHWANOW (1965) ausdrücklich hingewiesen hat.

Es ist notwendig, auf einen Mangel in der von TISCHENDORF u. a. (1969) gegebenen Begriffsbestimmung der geologischen Formation hinzuweisen. Die Ausklammerung des Zeitfaktors durch die genannten Autoren bedeutet eine unbegründete Vereinfachung der Definition.

Raum und Zeit sind als Existenzformen der Materie auch in der Geologie untrennbar miteinander verbunden. Die Zeit im Sinne von Entwicklungsetappen oder -stadien gehört unbedingt in eine solche umfassende Definition. Die Wiederholbarkeit der geologischen Formation ist in Raum und Zeit zu beobachten. Bestimmte stofflich-gefügemäßige Assoziationen von Gesteinen und Ablagerungen kennzeichnen bestimmte Struktureinheiten und zugleich entsprechende Entwicklungsabschnitte der Erdkruste. Diese Assoziationen und Strukturen bzw. Etappen sind aber kaum miteinander identisch, d. h., die jeweiligen Grenzen werden sich mehr oder weniger deutlich überschneiden oder parallel zueinander verlaufen.

Auf der Grundlage des weiter oben dargelegten breiten inhaltlichen Spektrums der geologischen Formation ist es zu verstehen, daß WASSOJEWITSCH (1966), DRAGUNOW (1966), KRUT (1968), WORONIN & JEGANOW (1969) sowie KOSSYGIN (1969) u. a. den Formationsbegriff durch einen geeigneteren neuen Terminus ersetzen wollen bzw. sich eingehend mit der Stellung der geologischen Formation in einem System geologischer Körper befassen.

Der von WASSOJEWITSCH (1940, 1966) und DRAGUNOW (1966) unterbreitete Vorschlag, anstelle des Formationsbegriffs die neuen Termini Geogeneration bzw. Paragenerationzu verwenden, ist wenig sinnvoll, weil, wie auch WORONIN & JEGANOW (1969) bemerken, den neuen Begriffen kein neuer klarer Inhalt, der sie eindeutig von der geologischen Formation unterscheiden würde, gegeben wurde.

Die geologische Formation — ein natürlicher geologischer Körper

Die jüngsten Bemühungen um die Klärung des Formationsproblems werden durch die Versuche von DRAGUNOW (1966), KRUT (1968), AINEMER (1968), WORONIN & JEGANOW (1969) sowie KOSSYGIN u. a. (1964—1970) gekennzeichnet, die Formation als taxonomisches Glied einer Reihe geologischer Körper zu betrachten.

KRUT schreibt: „In der gegenwärtigen Struktur geologischer Kenntnisse wird der Platz der Lehre von den geologischen Formationen weniger von historischen Voraussetzungen als vielmehr von der Lage der Formationen in einer Reihe von Klassen natürlicher geologischer Objekte bestimmt, was den Hauptorganisationsstufen der Erde entspricht ... Geologische Formationen sind natürliche Körper, die einem selbständigen Organisationsniveau der Materie entsprechen, das sich zwischen dem Niveau des Gesteins und regionalen stockwerklichen Unterteilungen der Lithosphäre befindet" (1968, S. 108–109).

Im Zusammenhang hiermit erscheint es notwendig, auf den Begriff des geologischen Körpers und auf die damit verbundenen Fragen einzugehen. Es ist auffallend, daß der Begriff des geologischen Körpers wohl in zahlreichen Definitionen des Formationsbegriffs auftaucht, aber eigentlich bis in die jüngste Vergangenheit niemals bestimmt worden war.

Es ist ein Verdienst KOSSYGINs und seiner Mitarbeiter, sich mit den Fragen des geologischen Raumes, der geologischen Grenzen und der geologischen Körper in mehreren Publikationen eingehend beschäftigt zu haben (1964a, b; 1965a, b, c; 1969).

KOSSYGIN u. a. definieren den geologischen Raum als den Teil des Raumes, der von der Erde oder einem beliebigen Teil von ihr eingenommen wird. Der formale geologische Raum kann durch eine n-Zahl von Punkten dargestellt werden, an denen x-beliebige Eigenschaften untersucht werden können. Die geologische Grenze ist eine Fläche, die in einem gegebenen statischen geologischen Raum nach einem eindeutigen Verfahren und nach einem Merkmalskomplex, der sich in seiner Gesamtheit beim Überschreiten der Grenze deutlich ändert, konstruiert werden kann. KOSSYGIN & WORONIN (1965) unterscheiden markante und disjunktive, aber auch bedingte und willkürliche geologische Grenzen. Der geologische Körper ist ein von geologischen Grenzen begrenzter Teil des geologischen Raumes, innerhalb dessen jene Eigenschaften bzw. Charakteristika von Eigenschaften beständig bleiben oder sich nur allmählich ändern, nach denen die Grenzen dieses Körpers bestimmt werden. KOSSYGIN u. a. unterscheiden hierbei einfache und komplizierte geologische Körper, je nachdem, ob nach anderen Kennzeichen noch eine weitere Untergliederung möglich ist oder nicht.

Bei der Ausscheidung von geologischen Formationen sollen natürliche, d. h. markante (stoffliche und gefügemäßige) und disjunktive (rupturelle) geologische Grenzen verwendet werden, die durch einen deutlichen Wechsel der Merkmale des geologischen Stoffes bzw. der an ihn gebundenen Eigenschaften, aber auch durch tektonische Störungen bestimmt sind. Die natürliche geologische Grenze ist Ausdruck quantitativer und vor allem qualitativer Veränderungen, die bei der Entstehung der heute vorliegenden Gesteine und Ablagerungen wirksam geworden waren; sie ist genetisch bestimmt. Die markanten und disjunktiven geologischen Grenzen existieren unabhängig von unserem Bewußtsein und sind natürlich, wohingegen die bedingten und willkürlichen geologischen Grenzen die innere stoffliche, gefügemäßige und genetische Geschlossenheit (unter dem entsprechenden Aspekt) eines natürlichen geologischen Körpers verletzen. Deshalb können sie auch nicht zur Ausscheidung von geologischen Formationen verwendet werden.

Aus diesem Grunde ist auch der von WORONIN & JEGANOW (1969) beschrittene Weg zur Ausscheidung geologischer Formationen abzulehnen. Diese beiden Autoren negieren die Natürlichkeit der Formation. Die Ausscheidung von Formationen ist ihrer Auffassung nach eine Gruppierung von Gesteinen oder Ablagerungen nach einer gemeinsamen, entsprechend der Aufgabenstellung willkürlich zu bestimmenden Eigenschaft. Ihr Ausscheidungsprinzip verletzt die innere Geschlossenheit der Formation als eines natürlichen Gesteinskörpers.

Es ist allgemein bekannt, daß lithologische, tektonische, paläogeographische, paläoklimatische u. a. Grenzen in den meisten Fällen mehr oder weniger voneinander abweichen. Formationen, die auf der Grundlage der genannten Faktoren jeweils unabhängig voneinander ausgeschieden werden, würden sich zumeist in Form, Größe und Lage deutlich voneinander unterscheiden. So z. B. beobachten wir in der Gegenwart in den zirkumpazifischen Orogenen ein z. T. rechtwinkliges Überschneiden durch die Klimagürtel. „Tektonische" Formationen wären dann etwa meridional, „klimatische" aber äquatorial orientiert. Genauso kann man feststellen, daß die rezenten Klimazonen geotektonische Struktureinheiten unterschiedlichen Konsolidationsgrads und -alters mit verschiedengestaltigem Relief usw. queren.

Eine deutliche Formationsgrenze wird immer dann anzutreffen sein, wenn Grenzen von Sedimentationsgebieten mit tektonischen Linien zusammenfallen, wenn der Formationsbildung entscheidende tektonische oder paläogeographische Veränderungen als Ursachen von Schichtlücken und Diskordanzen vorausgingen bzw. folgten, die sich im Habitus der jeweiligen Gesteine und Ablagerungen deutlich ausgeprägt haben.

Man muß sich darüber im klaren sein, daß an der Bildung eines beliebigen Gesteinskomplexes eine Vielzahl genetischer Faktoren in ihrer Gesamtheit beteiligt gewesen ist (Tektonik, Magmatismus, Paläogeographie, Klima, Hydrodynamik, Geochemie usw.). Vielfach fällt es schwer, die Bedeutung der einzelnen Faktoren gegeneinander abzuwägen. Erst das Zusammenwirken aller Faktoren führt zur Bildung der einzelnen Ablagerungskomplexe.

Die Vorstellungen der verschiedenen Autoren zu den Größenordnungen von geologischen Formationen gehen stark auseinander. Als erschwerend kommt hinzu, daß in der vertikalen Schichtenfolge eindeutig erkannte und ausgeschiedene Formationen über größere Entfernungen nicht immer zu verfolgen sind, weil fazielle Verzahnungen auftreten bzw. einzelne Parageneseglieder oder sogar Paragenesen auskeilen (so z. B. werden in Mitteleuropa die permischen und triassischen Ablagerungen lithologisch und formationell klar untergliedert, wohingegen im benachbarten Großbritannien keine Untergliederung dieses Ablagerungskomplexes möglich ist).

Es besteht die große Schwierigkeit, für die ihren Ausmaßen nach äußerst variablen monolithischen Gesteinskörper ein bestimmtes Maß für ihre Größenverhältnisse zu finden. Wesentlich komplizierter wird diese Situation im Falle polylithischer Gesteinskörper. Auf ähnliche Schwierigkeiten stoßen die Versuche, geostrukturelle Einheiten nach ihren Ausmaßen zu typisieren.

Als Formationen werden geologische Körper unterschiedlichster Größenordnungen ausgeschieden, angefangen von einigen Quadratkilometer Ausdehnung bis zu globalen Dimensionen. Vielfach versuchte man, die Dimensionen der Formation durch Beziehungen zu geologischen Einheiten (Strukturzonen und -stufen) zum Ausdruck zu bringen.

Der von KOSSYGIN (1964, 1969) unterbreitete Vorschlag, als Formationen geologische Körper der II. bis IV. Größenordnung auszuscheiden, d. h. als Körper mit einem durchschnittlichen Rauminhalt von 10^9 bis 10^0 km^3 bzw. als Flächeneinheiten von 10^8 bis 10^2 km^2, kann nicht als gelungen betrachtet werden, weil:

1. Körper unterschiedlichster Abmessungen als Formationen ausgeschieden werden können;
2. die Fläche, die von diesen Körpern bedeckt werden soll, mit den von ihnen eingenommenen Räumen in keiner Weise zu korrespondieren vermag.

Vergleicht man darüber hinaus die bei KOSSYGIN angeführten Rangstufen mit den Dimensionen der Ordnungen anderer Autoren, z. B. mit der Klassifikation der Tafelstrukturen von ASHGIREI (1966), so wird man leicht erkennen, daß solche Vorstellungen einer vergleichbaren Grundlage entbehren.

Es ist zu konstatieren, daß die Frage nach dem von geologischen Formationen eingenommenen Raume bis heute nicht gelöst worden ist. Das Raumproblem der Formationen nimmt deshalb eine zentrale Stelle in den Diskussionen zum Formationsproblem ein. In engem Zusammenhang mit der Raumfrage der geologischen Formationen steht das Problem der Schaffung eines hierarchischen Systems geologischer Körper. Seine Klärung muß Gegenstand weiterer Untersuchungen und Überlegungen sein.

Zum Problem der Klassifikation von geologischen Formationen

Von äußerster Wichtigkeit ist die Frage der Klassifikation der geologischen Formationen. Es ist üblich, Flysch, Molasse, Kohlen-, Salz-, Kalkstein-, Humid-, Tafel-, Rot-, Küsten-, Geosynklinal- und verschiedene andere Formationen nebeneinander auszuscheiden. ohne daß man bedenkt, daß die verschiedenartigsten Dinge in einen Zusammenhang gebracht werden. Einer solchen Klassifikation liegen geotektonische, lithologische, paläogeographische, klimatische, farbliche, lagerstättenkundliche u. a. Kennzeichen zugrunde.

Eine solche Art der Klassifikation ist unvereinbar mit den Gesetzen der formalen Logik. In einer Klassifikation können nur untereinander gleichwertige Parameter erfaßt werden. Verschiedenartige Kennzeichen können zur Begriffsbildung und Klassifikation nur in verschiedenen, voneinander unabhängigen Ebenen Verwendung finden.

Die Charakteristik einer Formation, einer lithogenetischen Einheit von bestimmten Ausmaßen und stofflich-gefügemäßig definierten Grenzen, kann in vielen voneinander unabhängigen Klassifikationen umfassend ausgedrückt werden. Die Formation selbst bleibt dabei als Klassifikationsgegenstand unverändert. Hieraus erkennt man den eindeutigen Vorteil des paragenetischen Ausscheidungsprinzips gegenüber dem genetischen: die paragenetisch begründete Formationsausscheidung schafft einen klar definierten Klassifikationsgegenstand.

Prinzipiell ist zu sagen, daß jede Art der Klassifikation ihre Bedeutung hat. Es gibt nicht nur eine einzig richtige Klassifikation. Jedoch ist offensichtlich, daß die geotektonischen Verhältnisse zur Bildungszeit eines Gesteinskomplexes eine außerordentlich wichtige Rolle gespielt haben.

Auf die Akzentverschiebung der Bedeutung der verschiedenen genetischen Faktoren haben Krascheninnikow (1962) und Chain (1964) hingewiesen. Bei großen geologischen Körpern, wie z. B. den Formationen, dominiert der tektonische Faktor, während der paläogeographische etwas in seiner Bedeutung zurückgedrängt wird. Im entgegengesetzten Fall ist im Gestein kaum noch der direkte tektonische Einfluß eliminierbar; Hydrodynamik und Geochemie treten dagegen stärker in den Vordergrund.

Das Wesen der Lehre von den geologischen Formationen

Die Frage nach dem Zusammenhang von Stoff und seiner Genese spielt in der Geologie bereits seit langer Zeit eine wesentliche Rolle. Wenn bislang die Versuche zur Herausarbeitung solcher Gesetzmäßigkeiten, die größere geologische Räume und Zeitabschnitte betreffen, nicht in jedem Fall zum erhofften Erfolg geführt haben, bedeutet das aber keineswegs, daß sie sinnlos sind und keine Aussicht auf Erfolg haben.

Gerade jetzt erlangt die Herausarbeitung allgemeiner gesetzmäßiger Zusammenhänge zwischen den Gesteinen, Ablagerungen und den in ihnen vorhandenen Mineralkonzentrationen und ihren komplexen Bildungsbedingungen erhöhte Bedeutung. Cheraskow (1967) nannte die Feststellung empirischer Gesetzmäßigkeiten im Auftreten der verschiedenen Gesteine die grundlegende Aufgabe der Formationslehre. Die Klärung solcher Fragen führt zu einem besseren Verstehen vieler Zusammenhänge im geologischen Bau und in der geologischen Entwicklung der Erdkruste und einzelner ihrer Teile. Nach Kossygin & Solowjew (1969) stellt die Formation einen stark verallgemeinernden Begriff dar, der von vielen verwirrenden Einzelheiten abstrahiert und geeignet ist, wesentliche allgemeine Zusammenhänge durch überregionale Vergleiche großräumiger geologischer Strukturen zu erkennen.

Bei der Formationsanalyse geht es darum, einen nach stofflichen und gefügemäßigen Merkmalen ausgeschiedenen natürlichen geologischen Körper unter den verschiedenen genetischen Aspekten zu betrachten, um allgemeine Gesetzmäßigkeiten im Bau und in der Entwicklung der Erdkruste, aber auch in der Verteilung der Lagerstätten nützlicher Rohstoffe zu erkennen.

Die Lehre von den geologischen Formationen erlangte bereits auf den Gebieten der Geotektonik (tektonische Karten, geotektonische Entwicklungsschemata) und der Lagerstättenlehre (metallogenetische Karten, Prognosekarten für große Räume auf Lagerstätten verschiedenster nützlicher Rohstoffe) größere praktische Bedeutung. Besonders wichtig sind formationelle Untersuchungen zum Vergleich des Baus, der Entwicklungsgeschichte und der Lagerstättenführung großräumiger geologischer Struktureinheiten, um auf dieser Grundlage allgemeine Gesetzmäßigkeiten über den Bau und die Entwicklungsgeschichte der Erdkruste herausarbeiten zu können.

Zusammenfassung

In der Gegenwart wird der Begriff der geologischen Formation sowohl im „lithostratigraphischen" als auch im lithogenetischen Sinne verwendet. Seine Anwendung zur Kennzeichnung großer „lithostratigraphischer" Einheiten ist unzulässig. Vor allem in der Sowjetunion ist die Formation eine lithogenetische Einheit, wobei zwei Richtungen in der Auffassung und im Ausscheidungsverfahren zu unterscheiden sind: die genetische und die paragenetische. Die paragenetisch definierte geologische Formation besitzt wegen der Objektivität ihres Ausscheidungsverfahrens eindeutige Vorteile gegenüber der auf genetischer Grundlage ausgeschiedenen. Ihr liegen reale und direkt beobachtbare lithologisch-petrographische und gefügemäßige Kriterien zugrunde.

Die geologische Formation ist eine gesetzmäßige stofflich-gefügemäßige Assoziation paragenetisch eng miteinander verbundener Gesteine und Ablagerungen, die einen von markanten und disjunktiven Grenzen (im Sinne von Kossygin) begrenzten natürlichen geologischen Körper bilden. An der Bildung des Formationskörpers sind die verschiedenen genetischen Faktoren in ihrer Gesamtheit beteiligt gewesen. Der auf paragenetischer Grundlage ausgeschiedene Formationskörper kann in verschiedener Weise nach stofflichen und genetischen Gesichtspunkten in jeweils voneinander unabhängigen Ebenen charakterisiert und klassifiziert werden.

Die Frage nach den Größenordnungen geologischer Formationen und das in engem Zusammenhang hiermit stehende Problem der Schaffung eines hierarchischen Systems geologischer Körper bedürfen dringend einer Klärung.

Die geologische Formation ist ein Begriff zur Herausarbeitung allgemeiner gesetzmäßiger Zusammenhänge im Bau und in der Entwicklung der Erdkruste sowie in der Verteilung der Lagerstätten nützlicher Rohstoffe in ihr.

Bei der Formationsanalyse geht es darum, einen nach stofflichen und gefügemäßigen Merkmalen ausgeschiedenen natürlichen geologischen Körper, die geologische Formation, unter den verschiedenen genetischen Gesichtspunkten zu betrachten, um allgemeine Gesetzmäßigkeiten zwischen dem geologischen Stoff und seiner Genese, im Bau und in der Entwicklung der Erdkruste sowie der Verteilung der Lagerstätten nützlicher Rohstoffe in ihr zu erkennen.

Резюме

В настоящее время понятие геологической формации применяется как в „литостратиграфическом", так и в литогенетическом смыслах. Его использование для обозначения крупных „литостратиграфических" единиц недопустимо. Преимущественно в Советском Союзе формация является литологической единицей, причем различаются два направления в понимании и в способе их выделения: генетическое и парагенетическое. Парагенетически охарактеризованная геологическая формация обладает из-за объективности метода ее выделения несомненными преимуществами по сравнению с выделенной на генетической основе. В основе парагенетического способа лежат реальные и объективно наблюдаемые литолого-петрографические и структурные критерии.

Геологическая формация — закономерная вещественно-структурная ассоциация парагенетически тесно связанных друг с другом пород и отложений, образующих естественное геологическое тело (в понимании Косыгина), ограниченное резкостными и дизъюнктивными границами. В формировании формационного тела принимали участие различные генетические факторы в их совокупности. Формационное тело, выделенное на парагенетической основе, можно охарактеризовать и классифицировать различным образом по вещественным и генетическим критериям на независимых друг от друга уровнях. Вопрос о размерах геологических формаций и тесно связанная с этим проблема создания иерархической системы геологических тел срочно требуют разъяснения.

Геологическая формация — понятие, относящееся к выявлению общих закономерных связей в строении и в развитии земной коры, а также в размещении в ней месторождений полезных ископаемых.

Задачей формационного анализа является рассмотрение с различных генетических точек зрения выделенного по вещественным и структурным признакам естественного геологического тела, геологической формации, для того чтобы узнать общие закономерности между геологическим веществом и его генезисом, в строении и в развитии земной коры, а также в размещении в ней месторождений полезных ископаемых.

Summary

At present, the concept of geological formation is used in both a "lithostratigraphical" and lithogenetic sense. Its use for characterizing large "lithostratigraphical" units is inadmissible. In the Soviet Union above all the formation is a lithogenetic unit, with two trends to be distinguished in the conception and method of elimination, a genetic trend and a paragenetic one. As against the geological formation eliminated on a genetic basis, clear advantages are presented by the formation defined paragenetically on account of the objectivity of its method of elimination. It is based on real criteria that can directly be observed lithologically-petrographically and texturally.

The geological formation is a regular material-textural association of rocks and depositions closely connected paragenetically, which form a natural geological body delimitated by marked and disjunctive boundaries (according to KOSSYGIN). Various genetic factors as a whole took part in the formation of the body. Eliminated on a paragenetic basis, it can differently be characterized and classified by material and genetic aspects into plains not depending on each other.

It is an urgent need to elucidate the problem of orders of geological formation and the other one closely connected with it of the establishment of a hierarchical system of geological bodies.

The geological formation is a concept designed to develop general regular relations in the structure and development of the earth's crust, as well as in the distribution of deposits of useful raw materials within the crust.

The analysis of formation deals with a consideration of a natural geological body, viz. the geological formation which has been eliminated by material and textural features. This consideration is based on various genetic points of view and is aimed at determining general regularities between the geological material and its genesis, in the structure and development of the earth's crust, as well as in the distribution of deposits of useful raw materials in it.

Literatur

AFANASJEW, G. D., u. a.: Gesetzmäßigkeiten in der Entwicklung des Magmatismus in Faltengebieten (am Beispiel des Kaukasus, Kasachstans und des Fernen Ostens). – Verlag Nedra, Moskau 1968.

AINEMER, A. I.: Elementare Gesteinsassoziationen (Paragenerationen) als gleichartige geologische Gesamtheiten und die mathematische Modellierung ihrer Bildungsprozesse. In: Geologische Formationen (Materialien zur Tagung), Leningrad 1968, S. 29–32. – Leningrad 1968.

ASHGIREI, G. D.: Strukturgeologie. – Verlag der Moskauer Universität, Moskau 1966.

BELOUSSOW, W. W.: Grundfragen der Geotektonik. – Gosgeoltechisdat, Moskau 1962.

BERTRAND, M.: Structures des Alpes françaises et recurrence de certains faciès sédimentaires. Congrès géologique internat., Compte rendu, 6e sess., Zürich 1894, S. 161–177. – Lausanne 1897.

BILIBIN, J. A.: Allgemeine Fragen zur Metallogenie des Goldes. J. A. BILIBIN, Gesammelte Werke, Bd. II, S. 238–347. – Verlag AN SSSR, Moskau 1959.

BREITHAUPT, A.: Die Paragenesis der Mineralien. – Freiberg 1849.

CHAIN, W. E.: Allgemeine Geotektonik, – Verlag Nedra, Moskau 1964.

CHERASKOW, N. P.: Geologische Formationen (Versuch einer Bestimmung). – Bull. Mosk. Naturf. Gesell., Abt. Geol., 27, H. 5, S. 31–52, Moskau 1952.

– Tektonik und Formationen. In: N. P. CHERASKOW, Tektonik und Formationen, Ausgewählte Werke, S. 375–400. – Verlag Nauka, Moskau 1967.

CHROBOK, S. M., E. KAUTZSCH & R. MEIER: Fazies und Milieu – Grundprobleme ihrer Individualisierung und Typisierung. – XXIII. Int. Geol. Congr., vol. 8, pp. 137–146, Praha 1968.

DRAGUNOW, W. I.: Zur Terminologie der formationellen Unterteilungen. In: Sedimentäre und vulkanogene Formationen, Trudy VSEGEI, nov. serija, tom 128, S. 36–47. – Verl. Nedra, Leningrad 1966.

– Grundbegriffe der Lehre von den geologischen Formationen. In: Geologische Formationen (Materialien zur Tagung), S. 21–27. – Leningrad 1968.

FAIRBRIDGE, R. W.: What is a consanguineous association? – J. Geol., vol. 66, N 3, pp. 319–324 (1958).

FRANKE, D.: Zu Fragen geologischer Terminologie und Klassifikation (I). Der Begriff Formation. – Z. angew. Geol., 8, H. 4, S. 208–214, Berlin 1962.

GOLDSCHMIDT, V. M.: Stammestypen der Eruptivgesteine. – Videnske Skrift I Math. Nat. Kl., Nr. 10, 1920, Kristiania 1922.

HEDBERG, H. D.: Stratigraphic classification and terminology. – Rep. XXI sess. Norden, Int. Geol. Congr., part XXV (1961).

HEIM, J. L.: Geologische Beschreibung des Thüringer Waldgebürgs. Teil II. – Meiningen 1798.

HUMBOLDT, A. v.: Geognostischer Versuch über die Lagerung der Gebirgsarten in beiden Erdhälften. – Straßburg 1823.

KOBER, L.: Der Bau der Erde. 2. Aufl. – Berlin 1928.

KOSSYGIN, J. A.: Geologische Strukturen und strukturell-stoffliche Assoziationen. – Geologija i geofisika, Nr. 7, S. 3–12 (1964).

– Tektonik. – Verlag Nedra, Moskau 1969.

KOSSYGIN, J. A., & W. A. SOLOWJEW: Geologische Formationen und Tektonik. – Geologija i geofisika, Nr. 3, S. 17–24 (1969).

KOSSYGIN, J. A., & J. A. WORONIN: Der geologische Raum als Grundlage struktureller Konstruktionen. Erster Artikel: Der statische geologische Raum. – Geologija i geofisika, Nr. 9, S. 3–11 (1965) [1965a].

– Der geologische Raum als Grundlage struktureller Konstruktionen. Zweiter Artikel: Geologische Grenzen und die Ausscheidung geologischer Körper. – Geologia i geofisika, Nr. 10, S. 3–11 (1965) [1965b].

KOSSYGIN, J. A., J. A. WORONIN & C. B. BORUKAJEW: Der geologische Raum als Grundlage struktureller Konstruktionen. Dritter Artikel: Die Beschreibung von geologischen Körpern. – Geologija i geofisika, Nr. 11, S. 3–12 (1965) [1965c].

KOSSYGIN, J. A., J. A. WORONIN & W. A. SOLOWJEW: Versuch einer Formalisierung einiger tektonischer Begriffe. – Geologija i geofisika, Nr. 1, S. 23–37 (1964).

KRASCHENINNIKOW, G. F.: Fazies, genetische Typen und Formationen. – Iswestija AN SSSR, ser. geol., H. 8, S. 3–12 (1962).

KRUMBEIN, W. C., & L. L. SLOSS: Stratigraphy and sedimentation. 2nd ed. – San Francisco and London 1963.

KRUT, I. W.: Zum Zustand der Lehre von den geologischen Formationen. – Iswestija AN SSSR, ser. geol., Nr. 9, S. 98–113 (1968) [1968a].

– Die Lage der geologischen Formationen im geologischen Raum. In: Geologische Formationen (Materialien zur Tagung), S. 36–38. – Leningrad 1968 [1968b].

KUSNEZOW, J. A.: Die Haupttypen magmatischer Formationen. – Verlag Nedra, Moskau 1964.

MURATOW, M. W.: Tektonik und Entwicklungsgeschichte des Geosynklinalgebietes im Süden des europäischen Teils der UdSSR und der angrenzenden Länder. In: Tektonik der UdSSR, Bd. II. – Verlag AN SSSR, Moskau–Leningrad 1949.

NALIWKIN, D. W.: Lehre von den Fazies. Bd. 1–2. – Verlag AN SSSR, Moskau–Leningrad 1956.

POLOWINKINA, J. I.: Gibt es metamorphe Formationen? In: Regionale Metamorphose und metamorphogene Erzbildung, S. 85–90. – Verlag Nauka, Leningrad 1970.

POPOW, W. I.: Geologische Formationen – natürlich-historische Vergesellschaftungen genetisch verbundener Gesteine. Teil 1–2. – Verlag der Usbek. Staatl. Universität, Samarkand 1959.

– Versuch der Klassifikation und Beschreibung von geologischen Formationen. – Verlag Nedra, Leningrad 1966.

PUSCH, G. G.: Über den Begriff Gebirgsformation ... – Z. f. Min., Bd. I, S. 511–529, Bd. II, S. 68–80 (1826).

RUCHIN, L. B.: Grundzüge der Lithologie. 3. Auflage. – Verlag Nedra, Leningrad 1969.

SCHATSKIJ, N. S.: Über Bewegung und Entwicklung der Erdkruste. – Sowj. geologija, Nr. 8 (1939).

– Phosphoritführende Formationen und Klassifikation von Phosphoritlagern. In: Sowjeschtschanije po osadotschnym porodam, 2. wyp., S. 7–100. – Verlag AN SSSR, Moskau 1955.

SCHINDEWOLF, O. H.: Stratigraphische Methodik und Terminologie. – Geol. Rundsch., 49, H. 1, S. 1–35 (1960).

SCHWANOW, W. N.: Die Konvergenz geologischer Formationen und die Formationsanalyse. – Westnik Leningradskogo Universiteta, geol.-geogr., Nr. 12, S. 5–16, Leningrad 1965.

SHAMOIDA, A. I., u. a.: Übersicht über die ausländischen stratigraphischen Codices. – Verlag Nauka, Moskau 1969.

STRACHOW, N. M.: Typen des sedimentären Prozesses und Formationen von sedimentären Gesteinen. Zweiter Artikel. – Iswestija AN SSSR, ser. geol., Nr. 8, S. 29–60 (1956).

TERCIER, J.: Dépôts marins actuels et séries géologiques. – Eclogae geologicae Helvetiae, vol. 32, pp. 47–100 (1939).

TISCHENDORF, G., S. LÄCHELT & J. RENTZSCH: Zu Problemen der Metallogenie in der Deutschen Demokratischen Republik. I. Die metallogenetische Rayonierung des Territoriums der DDR. – Z. angew. Geol., 15, 9, 455–472, Berlin 1969.

USTIJEW, E. K.: Probleme des Vulkanismus-Plutonismus. Vulkanoplutonische Formationen. – Iswestija AN SSSR, ser. geol., Nr. 12, S. 3–30 (1963).

– Geologische und petrologische Aspekte des Problems der vulkanoplutonischen Formationen. In: Theoretische Probleme vulkanoplutonischer Formationen und ihre Erzführung, S. 5–43. – Verlag Nauka, Moskau 1969.

WASSOJEWITSCH, N. B.: Zur Frage über die Bildungsbedingungen des Flysches. – Iswestija, AN SSSR, wyp. 4 (1940).

– Die Geschichte der Vorstellungen von den geologischen Formationen (Geogenerationen). In: Sedimentäre und vulkanogene Formationen. Trudy WSEGEI, nov. ser., tom 128, S. 5–35. – Verlag Nedra, Leningrad 1966.

WERNER, A. G.: Neue Theorie von der Entstehung der Gänge. – Freiberg 1791.

WORONIN, J. A., & E. A. JEGANOW: Fragen zur Theorie der Formationsanalyse. In: Vergleichende Analyse sedimentärer Formationen, S. 123 bis 145, Trudy instituta geologija i geofisiki, wyp. 83. – Verlag Nauka, Moskau 1969.

4. Internationale Baustoff- und Silikattagung in Weimar

Vom 7. bis 11. September 1970 fand in Weimar die 4. Internationale Baustoff- und Silikattagung („4. Ibausil") statt. Diese von der Sektion Baustoffverfahrenstechnik der Hochschule für Architektur und Bauwesen Weimar veranstaltete Tagung hatte gegenüber den ersten drei gleichnamigen Tagungen (1964, 1966, 1968) erstmalig spezifisch geologische Vortragssektionen, weshalb hier über die Tagung berichtet wird.

Neben den traditionellen betontechnologischen und keramischen Vortragssektionen, die dieses Mal dem Silikatbeton und der Feinkeramik gewidmet waren, wurde in das Programm der Ibausil 1970 eine Sektion „Rohstoffe" aufgenommen.

Diese Sektion umfaßte einerseits aufbereitungs- und fertigungstechnische Vorträge über Brecherprodukte, Sand und Kies sowie Naturwerksteine. Neu waren geologisch-lagerstättenkundliche Vortragsreihen. Es war beabsichtigt, den fachlichen Kontakt zwischen den Erkundungsgeologen und den Vertretern der Baustoffindustrie untereinander und mit der Hochschule für Architektur und Bauwesen Weimar zu vertiefen und zu befruchten. Dieses Ziel wurde vollauf erreicht.

Am Nachmittag des ersten Tages war jeder der drei Vortragssektionen ein Plenarvortrag gewidmet. Für die Sektion „Rohstoffe" sprach Dozent Dr. WAGENBRETH über „Die Rohstofflagerstätten für die Baustoffindustrie der DDR". Es wurde gezeigt, welchen Einfluß die historisch bedingten und die prognostischen Entwicklungstendenzen der Baustoffindustrie und ihrer Technik auf die Lagerstättenwirtschaft hatten und haben und in welchem Maße die Lagerstättensituation unabänderliche Ausgangspositionen für die künftige Gestaltung der Baustoffindustrie bildet.

Am 8., 9. und 10. September fanden Sektionsvorträge statt, und zwar in der Sektion „Rohstoffe" drei geologisch orientierte Vortragsreihen zu den Rahmenthemen „Rohstoffe der Zuschlagstoff- und Bindemittelindustrie", „Keramik- und Feuerfestrohstoffe" und „Geologie der Naturwerksteine".

Dipl.-Geol. BORBE skizzierte die Auswirkungen des neuen Berggesetzes der DDR auf die Lagerstättenwirtschaft der Baustoffrohstoffe in Abhängigkeit von anderen territorialen Planungsgesichtspunkten. Dipl.-Ing. SCHÖNE trug Ergebnisse der Arbeiten vor, die die Erweiterung der Zuschlagstoffbasis der DDR mit Hilfe von Brecherprodukten aus Muschelkalk zum Ziel haben. Dipl.-Geol. LANGE erläuterte Möglichkeiten, Keratophyre des Harzes, die durch Bergbaubetriebe aufgeschlossen wurden, künftig für die Zuschlagstoffindustrie zu nutzen. Dipl.-Geol. BÖHME schilderte am Beispiel der nordwestsächsischen Vulkanite und ihrer Erkundungsetappen den Einfluß der Erkundungsökonomie auf die Erkundungspolitik der Betriebe. Dipl.-Geol. BEYER berichtete über die petrographischen Arbeiten, die die Klärung des Einflusses petrographischer Faktoren auf die Aufbereitung von Massengesteinen zu Brecherprodukten bezwecken. Dr. HÄNDEL und Dipl.-Geol. GEDAI stellten die Beziehungen zwischen der Entstehung und der morphologischen Position pleistozäner Flußschotter einerseits und ihren technologischen Eigenschaften als Zuschlagstoffen andererseits dar.

Als ausländische Gäste hielten Vorträge zum Thema Massengesteine: Dr. BREYER (Westdeutschland) über die physikalischen Beziehungen zwischen dem Fein- und Porengefüge fester mineralischer Baustoffe natürlicher und künstlicher Art und ihrem Widerstandsfähigkeitsgrad gegenüber Eisbildung. Dr. KERTESZ und Dipl.-Ing. MAREK (VR Ungarn) sprachen über die technischen Eigenschaften der ungarischen Granite und ihre Verwendung.

Zwei Vorträge waren den Zementrohstoffen gewidmet. Dr. SCHREIBER und Dr. RABITZSCH kennzeichneten die geologischen Besonderheiten der paläozoischen, Dr. SCHNEIDER, Jena, und Dr. KARPE die der mesozoischen Zementrohstoffe der DDR. Ein Vortrag von Dr. KLAUA über die Erkundung von Gipslagerstätten wird nur in dem Ibausil-Sonderheft der Wissenschaftlichen Zeitschrift der Hochschule gedruckt erscheinen.

Die zweite geologische Vortragsreihe galt den Keramikrohstoffen. Dr. STEINER trug über Lagerstättentypen der Grobkeramik und stoffkundliche Kennwerte am Beispiel der Vorkommen im Bezirk Magdeburg vor; Dipl.-Geol. GESANG sprach über die grobkeramischen Rohstoffe im Bezirk Erfurt und Fragen ihrer Erkundungsmethodik. Dr. WAGENBRETH erörterte am Beispiel des Steinzeugtons von Bad Schmiedeberg das Problem der Erfassung kleinräumiger glazialdynamischer Störungen bei der Erkundung und ihre Berücksichtigung bei industriellen Projektierungen. Dr. WAGENBRETH, Dr. LANITZ und Dipl.-Ing. REECH behandelten am Beispiel des Steinzeugtons von Haselbach die Problematik des Abbaus glazialdynamisch gestörter Tonlagerstätten und die Frage der Qualitätsänderung von Tonen durch glazialdynamische Störungen und durch die Zwischenhaldung, ein allgemeines Problem bei allen Rohstoffen aus dem Deckgebirge von Braunkohlentagebauen. Zwei weitere Vorträge dieser Vortragsreihe galten dem Rohstoffproblem der Feuerfestindustrie. Dr. HAAGE kennzeichnete die petrographischen Unterschiede der für die Silikatproduktion wichtigen Tertiärquarzite. Dr.-Ing. SCHULLE (und Mitarbeiter) stellten Kieselschiefer als Ersatzmaterial für die der Erschöpfung entgegengehenden Tertiär-Quarzite vor.

Die dritte geologische Vortragsreihe war den Natursteinlagerstätten gewidmet. Prof. Dr. HOHL sprach in einem historisch akzentuierten Vortrag über die Verwendung von Naturwerksteinen im Raum Halle und behandelte vor allem die Frage der Wetterbeständigkeit in Abhängigkeit lokaler Faktoren einschließlich industrieller Luftverunreinigung. Eine Reihe weiterer Vorträge war stärker regional orientiert: Am Beispiel des Lausitzer Granodiorits zeigte Dipl.-Geol. PESCHEL Zusammenhänge zwischen dem Gesteinsgefüge und der Gewinnbarkeit von Naturwerkstein. Am Beispiel der südwestthüringischen Sandsteine wurden von Dr. FREYBURG und am Beispiel der Dresdener Sandsteine von Dr. GRUNERT Fragen der Materialprüfung (einschließlich der Anwendung neuer Prüfmethoden) behandelt. Dipl.-Geol. SCHUBERT sprach über die Entwicklungstendenzen der Dachschieferindustrie im In- und Ausland, Geol.-Ing. POPP über die Natursteinlagerstätten im Bezirk Dresden.

Zum Thema Naturwerkstein war im Foyer der Tagungsräume mit Großdias und Natursteinmustern auch eine Ausstellung über „Sowjetische Natursteine in der sozialistischen Architektur der DDR" gestaltet worden.

Am 11. 9. war eine der drei Exkursionen den geologischen und abbautechnischen Fragen von Baustoffrohstoffen in Ostthüringen gewidmet: Besucht wurden der klassische Devon-Aufschluß des Obernitzer Bohlens, der Naturwerksteinabbau im devonischen Knotenkalk bei Fischersdorf, der Kalkabbau im Großtagebau Kamsdorf, das Marmorwerk Saalburg und die Bergkirche bei Schleiz als bedeutendes Kunstdenkmal und Beispiel der Natursteinverwendung in den verschiedenen Epochen der Kunstgeschichte.

Am Schluß der Weimarer Veranstaltungen, am Abend des 10. September, wurde die Einweihung einer Natursteinmusterwand im Foyer der Arbeitsgruppe Baugeologie der Hochschule für Architektur und Bauwesen Weimar vorgenommen. Als Gemeinschaftsarbeit haben die Arbeitsgruppe Baugeologie, unterstützt von anderen Institutionen der Hochschule, und der VEB Elbenaturstein mit den in der Erzeugnisgruppe Werksteine vereinigten Betrieben eine Natursteinwand von etwa 9 m² Größe geschaffen, auf der alle für die Architekten verfügbaren Naturwerksteine der DDR in verschiedener Oberflächenbearbeitung zu einem geologisch aussagekräftigen Großmosaik vereinigt sind. Die Bedeutung der Geologie für die Natursteinindustrie und die Notwendigkeit guter Zusammenarbeit von Wissenschaft und Praxis wurde in den Worten unterstrichen, die Magnifizenz Prof. Dr. PETZOLD und Werkdirektor HAUSSNER zur Einweihung sprachen.

Überschaut man zusammenfassend die geologisch-lagerstättenkundlichen Veranstaltungen der 4. Internationalen Baustoff- und Silikattagung, Weimar, so zeigt sich,

1. daß mit dem Vortragsprogramm die Tiefe des Gesamtgebiets „Geologie der Baustoffrohstoffe" ausgelotet wurde;

2. daß die meisten Vorträge genau auf die Nahtstelle zwischen Geowissenschaften und Technologie (in weitestem Sinne) abzielten und damit die Verbindung von Wissenschaft und Praxis festigten;

3. daß die meisten Vorträge heute hochaktuelle Probleme, z. B. der Materialprüfung, der Erkundungsmethodik und der Lagerstättenwirtschaft, betrafen und

4. daß in vielen Vorträgen ein hoher Grad komplexer Betrachtungsweise einschließlich der Berücksichtigung moderner sozialistischer Gesetzeswerke erzielt wurde. Die Vorträge der 4. Ibausil wurden in der Wissenschaftlichen Zeitschrift der Hochschule für Architektur und Bauwesen, Weimar, H. 4/1970 und H. 3–4/1971 veröffentlicht.

O. WAGENBRETH

Buchbesprechungen

SPRY, A.

Metamorphic Textures

Oxford, London, Edinburgh, New York, Paris, Frankfurt: Pergamon Press 1969. 343 S., zahlr. Abb., 23 S. Lit.

In diesem schon äußerlich recht ansprechenden, mit zahlreichen Photographien und Strichzeichnungen gut illustrierten Lehr- und Nachschlagebuch wird bereits eingangs darauf verwiesen, daß die Problematik metamorpher Erscheinungen nicht — wie es in manchen Perioden der Vergangenheit der Fall war — auf die stofflichen Aspekte beschränkt bleiben kann, sondern daß die Gefügebeziehungen der an der Metamorphose teilnehmenden oder sich während dieser bildenden Minerale gleichermaßen zur Charakterisierung wesentlich sind. Unter Metamorphose wird somit die mineralogische und strukturell-texturelle Anpassung von (im wesentlichen) festen Gesteinen an solche physikalischen und chemischen Bedingungen verstanden, die von denen der Bildung des ursprünglichen Gesteins verschieden sind. Verwitterung und verwandte Vorgänge werden übereinkunftsgemäß ausgenommen.

In dem Band werden folgende Probleme behandelt: Metamorphose und metamorphe Prozesse, metamorphe Minerale und der feste Zustand, Korngrenzen, metamorphe Reaktionen, Mineralumwandlungen, Kristallisation und Rekristallisation, Texturen der Thermometamorphose, bevorzugte Mineralorientierungen, Texturen der Dynamometamorphose, Texturen der Regionalmetamorphose sowie Texturen der Polymetamorphose.

Eine umfangreiche Literaturzusammenstellung (23 Seiten) sowie ein Autoren- und ein Sachwortverzeichnis beschließen den Band, der jedem, der sich mit metamorphen Vorgängen beschäftigt, zum Studium und zur Lektüre wärmstens empfohlen werden kann.

G. TISCHENDORF

DOE, B. R.

Lead Isotopes

Berlin–Heidelberg–New York: Springer-Verlag 1970. 137 S., 24 Abb., 25 Tab., DM 36,—

In Fortsetzung der bekannten Reihe „Mineralogie und Petrographie in Einzeldarstellungen" gibt seit einiger Zeit der Springer-Verlag die Monographie, Serie — "Minerals, Rocks and Inorganic Materials", heraus. Editoren sind W. VON ENGELHARDT, T. HAHN, R. ROY, J. W. WINCHESTER und P. J. WYLLIE. Als Band 3 dieser Serie und zugleich als erster Beitrag der Reihe "Isotopes in Geology" erschien der obenzitierte Titel "Lead Isotopes".

Das Buch ist in folgende Kapitel untergliedert: 1. U–Th–Pb-Altersbestimmungen; 2. Gewöhnliche Blei-Methode der Altersbestimmung; 3. Radioaktive Bleiisotope.

In übersichtlicher Tabellenform, ergänzt durch einprägsame graphische Darstellungen, sind Einzelangaben zur absoluten Geochronologie mittels Bleiisotope zusammengestellt. Die Datierungen beziehen sich sowohl auf Einzelminerale als auch auf das Gesamtgestein (Sedimentite, Magmatite, Metamorphite). Das erste Kapitel umfaßt Methoden der chemischen Pb-, Th- und U-Analytik; Altersdatierungen an Zirkon, Titanit, Pyrochlor, Apatit, Epidot, Monazit, Uranit und sonstigen Mineralen; Gesamtgesteine. Im zweiten Kapitel ist umfangreiches Zahlenmaterial über das Pb–Pb-Alter von Meteoriten, Tektiten und acht Mondgesteinsproben sowie von Gesteinsproben aus alten Schilden Galenitproben und von Gesamtgesteinsproben aus präkambrischen, paläozoischen und känozoischen Sedimenten und Magmatiten zusammengestellt. Zahlreiche Beiträge der Ergebnisse der Pb–Pb-Altersbestimmungen zur Klärung der Genese von Erzlagerstätten werden mitgeteilt. Auch über die Pb-Isotopenzusammensetzung natürlicher Wässer und der Atmosphäre werden Angaben gemacht. Im dritten Kapitel über „Radioaktive Pb-Isotope" werden die wichtigsten Veröffentlichungen zitiert.

Der umfangreiche Tabellenanhang (33 S.) enthält die Schemata des radioaktiven Zerfalls der Uran- und Thorium-Reihe sowie die Altersangaben und Pb-Isotopenverhältnisse präkambrischer, paläozoischer und phanerozoischer Sedimente, Magmatite und Metamorphite. Interessant sind die Angaben über die Pb-Isotopenverhältnisse des säurelöslichen Bleis aus Manganknollen und Tiefseesedimenten verschiedener Ozeane.

Der Autor hat ein umfassendes Faktenmaterial zusammengetragen. Die Literaturangaben (287 Titel, darunter erfreulich viel sowjetische) machen das vorliegende Buch zum Nachschlagewerk, dessen sich Geologen, Petrologen, Mineralogen und Geophysiker gern bedienen werden.

P. KRÜGER

CHAITOW, B. K.

Isotope in der Hydrogeologie

Verlag „FAN" der Usbekischen SSR, Taschkent 1969, 152 S., 51 Abb., 7 Tab., 201 Lit. (russ.)

Nach der Einführung in die Physik der Bewegung unterirdischer Wässer und die Möglichkeiten ihrer Untersuchung (Kap. 1) werden ausführlich die Grundlagen der kernphysikalischen Methoden zur Bestimmung hydrogeologischer Parameter (Kap. 2) und des Nachweises bzw. der Registrierung von Kernstrahlen (Kap. 3) behandelt. Dabei geht Verf. bevorzugt auf die als Tracer für Grundwässer geeigneten Isotope — D^2, T^3, C^{14}, J^{131} u. a. — sowie deren Nachweis ein. Anschließend werden Methoden zur Bestimmung der Grundwasserfließrichtung, -geschwindigkeit und weitere Parameter erläutert, ihre Anwendung durch Beispiele belegt sowie die Ergebnisse von Laborversuchen mitgeteilt (Kap. 4 u. 5). Das mit einem umfangreichen Literaturverzeichnis ausgestattete Buch bietet jedem, der sich mit dem Studium der Bewegung unterirdischer Wässer in Gesteinen, Böden und hydrotechnischen Anlagen befaßt, eine Fülle wertvoller Anregungen.

K. LEHNERT

SCHULTZE, E.

Erdstatische Berechnungen

Mitteilungen aus dem Institut für Verkehrswasserbau, Grundbau und Bodenmechanik der Technischen Hochschule Aachen, Heft 40, Aachen 1967, 582 S., zahlr. Abb. u. Tab.

Die umfangreiche Aufgabensammlung ist zwar in erster Linie für Studenten gedacht, die zum ersten Mal mit erdstatischen Berechnungen in Berührung kommen. Doch auch für den an bodenmechanischen und ingenieurgeologischen Problemen arbeitenden Praktiker hat dieses Buch einen großen Wert, da er überprüfen kann, welche Rechenverfahren heute zweckmäßig angewendet werden und wie man auf kürzestem Wege eine bestimmte Aufgabe löst. Wertvoll sind die Vergleiche mit ausländischen Berechnungsverfahren.

Das erste Beispiel behandelt die Ermittlung der zulässigen Bodenpressung bei Grundbruch. Da neben der End- auch die Anfangsstandsicherheit berechnet werden soll, werden einleitend die Bestimmung der Scherfestigkeitsparameter einer bindigen Baugrundschicht für den entwässerten Zustand unter wirksamen Spannungen, bestimmt im D- oder CU-Versuch mit Porenwasserdruckmessung, sowie für den nichtentwässerten Zustand unter totalen Spannungen, bestimmt im U- oder UU-Versuch, sowie die Ermittlung der Vorbelastung aus den Scherlinien und der Porenwasserdruckgleichung erläutert. Die Berechnung der Verteilung der Sohlpressungen wird für die Endfestigkeit bei elastischem und plastischem Zustand für ein Streifenfundament sowie für rechteckige und kreisförmige Fundamentformen und für elastoplastischen Zustand für Streifen- und Kreisfundamente durchgeführt. Die Setzungsberechnung wird am Beispiel eines quadratischen Grundkörpers sowie eines 10 m hohen Verkehrsdammes demonstriert. Die Berechnung der Spannungen für das Stützenfundament erfolgt nach den bekannten Tafeln, für die Dammachse nach GRAY.

Die Standsicherheitsuntersuchung von Böschungen wird für eine 8 m tiefe Einschnittböschung im Grundwasser sowie für einen Staudamm mit Schürzen- bzw. Kerndichtung durchgeführt. Als ungünstigste Lastfälle wurden für die Einschnittböschung ein Starkregen und für die wasserseitige Dammböschung eine plötzliche Absenkung des Wasserspiegels von HW auf NW angesetzt. Für den Fall, daß einheitlicher Boden bis zur Tiefe des ungünstigsten Gleitkreises ansteht, wird die Benutzung der Diagramme von TAYLOR, FELLENIUS und JANBU auch unter Berücksichtigung einer Strömungskraft sowie von Auflasten gezeigt. Beim Nachweis der Standsicherheit werden der Rechnungsgang der Verfahren von TAYLOR, KREY, BISHOP, FRÖHLICH und OHDE wiedergegeben, auf die Lage des ungünstigsten Gleitkreises und seine Hauptwerte eingegangen und schließlich die Ermittlung der angreifenden Momente aus Eigengewicht, Strömungskraft, Porenwasserdruck sowie der widerstehenden Momente aus Reibung und Kohäsion und der Sicherheit dargelegt.

Als Beispiel für eine ausführliche Berechnung einer Stützwand werden eine Kaimauer und für eine vereinfachte Bearbeitung eine Stützwand in einem Einschnitt durchgerechnet. In diesem Kapitel wird besonders auf die Ermittlung des Erddrucks unter verschiedenen Bedingungen sowie des Wasserdrucks eingegangen. Weiterhin wird die Ermittlung der zulässigen Sohlpressung, der Kipp-, Gleit-, Grundbruch- und Geländebruchsicherheit dargelegt. Außerdem kommt an diesem Beispiel das Problem der Schiefstellung zur Behandlung.

Während in den bisherigen Kap. auf die Ermittlung der bodenmechanischen Berechnungsgrundwerte ausführlich eingegangen wurde, zeigen die nächsten drei Kap. ausschließlich die Anwendung dieser Grundlagen bei der Lösung von Gründungsproblemen.

Die gestraffte Behandlung dieses umfangreichen Stoffs wurde u. a. durch Verweise auf weiteres Schrifttum möglich, dessen bibliographische Angaben im Anschluß an jedes Kap. zu finden sind. Beigegeben sind ferner 9 Taf., die der Ermittlung der Spannungen unter dem Eckpunkt von gleichmäßig verteilten Flächenlasten sowie der schnelleren Untersuchung der Standsicherheit von Böschungen dienen.

G. SCHWOKOWSKI

OLLIER, C.

Volcanoes

Cambridge: The Mit Press 1969. 180 S., 63 Abb., 44 Fotos, sh 68

Der Verlag gibt in den Jahren 1968 bis 1971 eine „Einführung in die systematische Geomorphologie“ in sieben Bänden heraus, von denen das vorliegende Buch als Band 6 erschienen ist (vgl. auch „Z. angew. Geol.“, **16**, 7/8, 375). Die einzelnen Bände werden von anerkannten Spezialisten bearbeitet.

Das Buch ist als Hochschullehrbuch geschrieben und childert nach dem neuesten Stand den Mechanismus der vulkanischen Tätigkeit, die Eruptionsprodukte, die entstehenden Landschaftsformen und den Verlauf der Morphogenese in Vulkangebieten unter Einwirkung von Verwitterung und Erosion. Bei der Auswahl der aus allen Teilen der Welt genommenen Beispiele hat der Verf. naturgemäß Australien bevorzugt behandelt.

Der Stoff ist in 12 in sich wiederum weitgehend unterteilte Kapitel gegliedert. Sie umfassen folgende Hauptgedanken: Der Vulkan, die vulkanischen Gesteine, Verwitterung und Erosion in Vulkangebieten, Vulkanverteilung und Vulkanologie.

Infolge der engen Beziehungen zwischen der morphologischen Gestaltung der Vulkangebiete und ihrer nachfolgenden Erosion einerseits sowie der vulkanischen Gesteine andererseits bringt der Verf. zuerst eine kurze Übersicht über die Petrologie der Vulkanite. Die Vulkaneruptionen werden nach verschiedenen Gesichtspunkten gegliedert. TSUYA & MORIMOTO (1963) teilten die tätigen Vulkane Japans in zwei Grupppen:. Eruptionen in kurzen Zeitabständen aus einem ständig offenen Krater; Eruptionen mit längeren Unterbrechungen aus geschlossenen Kratern ruhender Vulkane. Weitere Gliederungen werden mit vielen Beispielen erläutert. Ausführungen über die letzten Stadien vulkanischer Tätigkeit und die Entstehung neuer Vulkane schließen sich an. Die Morphologie der verschiedenen Vulkantypen wird ausführlich dargelegt. Vulkankrater oder Calderen besitzen mannigfache Entstehungsmöglichkeiten, einige ihrer Formen, wie die Maare, sind spezifisch benannt.

Lavaströme fließen bis zu 100 m/sec; der größte Lavaausfluß in historischer Zeit war 1783 auf Island. Von der Laki-Spalte aus überdeckte er in 7 Monaten 565 km². Pyroklastika entstehen zumeist durch plötzliches Ansteigen des Gasdrucks im Gestein. Der Hekla schleuderte 1947 in der ersten halben Stunde seiner Eruption je Sekunde 100000 m³ Asche in die Luft (THORARINSSON 1956). Auf die stratigraphische Bedeutung der Pyroklastika wird hingewiesen und die Tephrochronologie von KAIZUKA (1965) angeführt. Pyroklastika in vulkanischen Gasen können eine Art von Fluidisation durchlaufen, unter denen auch Ignimbrite mit verstanden werden. Sie haben stellenweise große Ausdehnung und erhebliche Mächtigkeit. Intrusiva werden nach ihrem Auftreten (Schlot, Lagergang, Lakkolith, Batholith, Stock usw.) eingehend beschrieben.

Der Wasserhaushalt der Vulkangebiete wird von der Verbreitung der Gesteine bestimmt, deren Porosität in weiten Grenzen schwankt. Lavaströme beeinflussen als Wasserstauer die Entwässerung. Häufig besitzen Vulkanschlote einen zentralen freien Wasserspiegel und seitliche Quellaustritte. Abschließend wird noch auf die Rolle des Wassers bei Eruptionen eingegangen. Die Verwitterung erzeugt bei den Vulkankegeln unterschiedliche Erosionsformen, wie z. B. Rippenbildung auf den Flanken des Mt. Batok (2420 m) auf Java. Bei radialem Abtransport des Verwitterungsschutts entstehen planetoide Formen. KEAR (1957) konnte in Neuseeland die Stadien des Kegelabbaus in Verbindung zur Zeit der Eruption bringen. Er gab dafür folgendes Schema:

Form des Vulkankegels	Zeit der Eruption
Vulkan, unverwittert	Holozän
Planetenstadium	Mittelpleistozän bis Holozän
Restkegel	Pliozän bis Pleistozän
Vulkanskelett	Oberes Miozän

Hohe Vulkanberge unterliegen auch glazialer Erosion. Die Verwitterung an Lavaströmen und Lavaebenen sowie der Pyroklastika wird in ihrer morphologischen Bedeutung gezeigt; zahlreiche Beobachtungen über den Gang der Verwitterung und Erosion werden mitgeteilt. Im Schlußkapitel erwägt der Verf. Möglichkeiten einer Vorhersage von Vulkaneruptionen, die sich nur auf laufende Beobachtungsreihen in den Vulkanobservatorien stützen kann.

Die Vulkankunde ist ein wertvolles Hochschullehrbuch geworden, das den neusten Stand des Wissens auf diesem Gebiet übersichtlich darlegt. Der Verf. hat verstanden, viele Fakten in fesselnder Weise zusammenzustellen. Der klargegliederte Text wird durch Skizzen, Diagramme und Blockbilder unterstützt. Sorgfältig ausgewählte Fotos illustrieren die textlichen Ausführungen und tragen wesentlich zur Veranschaulichung des Stoffes bei. Die drucktechnische

Ausstattung des Buches, vor allem auch die Wiedergabe der Fotos, ist ausgezeichnet. Der Verlag hat mit dem Band 6 — Vulkane — seine Serie über Systematische Geomorphologie bereichert.

K. DETTE

CIMERMANN, V. J., & Z. TOMAŠEGOVIĆ

Atlas of Photogrammetric Instruments

Amsterdam, London, New York: Elsevier Publishing Company 1970. 216 S., 399 Abb., Dfl. 100,—

Die kulturellen und materiellen Bedürfnisse einer sich ständig vermehrenden Weltbevölkerung erfordern besonders in den jungen Nationalstaaten eine gründliche Bestandsaufnahme und planmäßige Entwicklung der natürlichen Hilfsquellen, wie sie z. B. die Böden, fließende und stehende Gewässer, Gesteine, Wälder sowie Gebiete mit unterschiedlicher Vegetation darstellen. Die Photogrammetrie ermöglicht in zuverlässiger und schneller Weise eine graphische wie numerische Darstellung von geometrischen Formen und von Details der Erdoberfläche, aber auch eine Interpretation der aufgenommenen Besonderheiten. Die Kenntnis der heute auf dem Gebiet der Photogrammetrie zur Verfügung stehenden Technik kann deshalb wesentlich dazu beitragen, geeignete Lösungen für die dringendsten Probleme zu finden.

Die Verf. stellten sich die Aufgabe, einen Überblick über die gegenwärtig in der gesamten Welt produzierten photogrammetrischen Instrumente und Ausrüstungen zu vermitteln. Den Stoff gliederten sie in Anlehnung an die technologische Entwicklung in 10 Kapitel, innerhalb deren zunächst die einfachen Geräte behandelt werden, an die sich mit zunehmender Komplexität die weiteren Instrumente anschließen. Im ersten Kap. behandeln sie Phototheodolite, Stereo- und ballistische Kameras, bestimmt für die terrestrische Photogrammetrie im Bergbau, in der Geologie, besonders der Glaziologie, Meteorologie usw. Daran schließen sich Ausführungen über Luftbildmeßkammern und die für die Luftbildaufnahme entwickelten Hilfsgeräte an. Im 4. Kap. gehen die Verf. auf die notwendige Ausrüstung des Photolaboratoriums ein. Zusatz- und Hilfsgeräte sind im Kap. 5 zu finden, an das sich das Kapitel „Entzerrungsgeräte" anschließt. Im 7. Kap. werden die Stereoskope vom Taschengerät über das Erkundungsstereoskop bis zum Stereopreten behandelt. Darauf folgen Ausführungen über Analogauswertegeräte. Das Kap. 9 umfaßt analytische Auswertegeräte, d. h. die Stereokomparatoren. Den Abschluß bilden automatische Systeme. Um den neuesten Stand bemüht, führen die Verf. in einem Anhang noch die Geräte an, die z. T. auf dem XI. Internationalen Kongreß für Photogrammetrie in Lausanne gezeigt wurden, zu einer Zeit, da das Buch schon im Druck war.

Photogrammetrische Instrumente werden heute nicht mehr allein in schwer zugänglichen Weltteilen benötigt. Sie ermöglichen die schnelle Bereitstellung von Daten für die Entwicklungsplanung in dichtbesiedelten hochindustrialisierten Ländern sowie für die Erkundung von geeigneten Standorten für Kraftwerke, Verkehrsanlagen und Rohstoffquellen in den Entwicklungsländern.

G. SCHWOKOWSKI

KUHN, O.

Die säugetierähnlichen Reptilien. Die Neue Brehm-Bücherei, Nr. 423

Lutherstadt Wittenberg: A. Ziemsen-Verlag 1970. 80 S., 58 Textabb., M 6,80

STEEL, R.

Die Dinosaurier. Die Neue Brehm-Bücherei, Nr. 432

Lutherstadt Wittenberg: A. Ziemsen-Verlag 1970. 95 S., 70 Textabb., M 8,—

Die Neue Brehm-Bücherei vernachlässigt in ihrer bewährten Publikationsfolge keineswegs das vorweltliche Leben. Zu diesem Zweck hat sich der Verlag größtenteils erstrangiger Autoren versichert, so auch im vorliegenden Fall.

Beide Hefte stehen sich inhaltlich sehr nahe. Sollte der Verlag in dieser Richtung fortschreiten, dann entstände eine handbuchähnliche Reihe, sagen wir beispielsweise fossiler Wirbeltiere (vgl. hierzu auch die Nr. 396, Rezension „Z. angew. Geol.", **15**, 7, Berlin 1969). Daß für Derartiges ein Bedürfnis besteht, beweisen ja die Lieferungen des Lehrbuchs der Paläozoologie von A. H. MÜLLER, die teilweise mehrere Auflagen erlebt haben.

In den vorliegenden Bändchen besticht vor allem die Fülle des dargebotenen und dabei wohlaufbereiteten wissenschaftlichen Materials, das beide Autoren mit großem Geschick faßbar darzustellen wußten, ohne in die Populärwissenschaft alten Stils abzusinken. Vergleicht man eine solche moderne Darstellung etwa mit dem „Leben der Urwelt" von W. BÖLSCHE, das 1931 erschien, wird die Konkretisierung deutlich. Liebte man damals breit ausgelegte Schilderungen, teilweise phantasievoll ausgeschmückt, so ist heute eine knappe Darstellung geboten, ohne daß dabei auf schöpferische Ergänzungen oder Deutungen verzichtet wird.

Die Dinosaurier erregen schon durch ihre Größenverhältnisse bei oft bizarren Formen das Interesse des Nichtvorgebildeten. Minder populär, aber für die Entwicklungsgeschichte noch bedeutsamer sind die säugetierähnlichen Reptilien. Beide Hefte zeigen unsere derzeitige Kenntnis über beide Gruppen. Fragen der Verwandtschaften und der Stammbäume nehmen damit einen gebührenden Raum ein. Beide Autoren erweisen sich dabei als unorthodox und geben verschiedenen Ordnungsversuchen und Systematiken Raum. Bei der Formenfülle, aber auch den großen Kenntnislücken ist dies wohl auch gerechtfertigt. Daß sich die Säugetiere aus den säugerähnlichen Reptilien schon mitten im Mesozoikum auf polyphyletischem Wege entwickelten, kann als Tatsache gelten. Rätselhaft hingegen ist immer noch das abrupte Aussterben der Dinosaurier am Ende des Mesozoikums.

Eine Tabelle der geologischen Zeitrechnung mit Angabe der wichtigsten diastrophischen Ergebnisse wäre wohl in beiden Heften eine wertvolle Ergänzung gewesen.

H. PFEIFFER

FENNER, P., & J. LLOYD

Serials important to geologists

„Geotimes", **15**, H. 6, S. 14–17, Juli–Aug. 1970

Die Verf. machten sich Gedanken über die zweckmäßigste Lösung des Aufbaus der Büchereien neuentstehender Geologischer Institute. Da in den USA zur Zeit 6,5% pro Jahr neue Geologische Institute gegründet werden, ferner etwa 20% erdwissenschaftliche Vorlesungen neu dazu kommen, entsteht ein bedeutender Bedarf für zusätzliche Literatur in den neuen Bibliotheken und bei der Erweiterung alter.

Verf. unterscheiden 4 Klassen wissenschaftlicher Literatur:

1. Erste Vorinformation. Dazu gehören nur einer Gruppe von Spezialisten zugängliche interne Berichte, Laborberichte, Fortschrittsberichte über laufende Forschungsarbeiten, Studien- und Diplomarbeiten, ferner Vorabdrucke von Publikationen, die vielleicht erst Jahre später erscheinen. Diese Informationen sind normalerweise fast nicht erhältlich.

2. Primäre Publikationen. Sie enthalten die ersten Untersuchungsergebnisse, zusammenfassende Verarbeitungen von Einzeldaten, Diskussionen und neue Hypothesen. Sie erscheinen im allgemeinen in Jahrbüchern, Annalen, Festschriften, Transactions, Bulletins und Proceedings. Die meisten wissenschaftlichen Zeitschriften gehören in diese Gruppe. Die wissenschaftliche Bedeutung einer Bücherei wird durch die Vollständigkeit und Auswahl ihrer Bestände in dieser Gruppe bestimmt.

3. Sekundäre Publikationen. Diese bestehen aus Verzeichnissen neuer Literatur (Indexe), Zeitschriften mit kurzen Inhaltsangaben (Abstracts) und Referaten (Reviews). Sie enthalten die wichtigsten Informationen für eine allgemeine Übersicht.

4. Tertiäre Publikationen. Sie bestehen aus Lehr- und Handbüchern sowie ähnlichen zusammenfassenden Werken. Sie sind zwar im allgemeinen um Jahre hinter dem wissenschaftlichen Fortschritt zurück, stellen aber wichtige Informationsquellen für die besonderen Zweige der geologischen Wissenschaften dar.

Die Anzahl der Zeitschriften, in denen geologische Abhandlungen erscheinen, wird auf etwa 15000 geschätzt. Eine

Zusammenstellung der Titel geologischer Zeitschriften, die noch nicht fertiggestellt ist, hat bisher mehr als 10000 Titel erfaßt. In diesen Zeitschriften erscheinen jährlich mindestens 40000 geologische Arbeiten. Insgesamt dürften jedoch pro Jahr 80000 bis 100000 geologische Aufsätze in Fachzeitschriften und Zeitungen gedruckt werden. Es wird geschätzt, daß sich diese Anzahl bis 1980 etwa verdoppelt.

Die Anzahl der in der Welt erscheinenden Fachzeitschriften für die gesamte Wissenschaft und Technologie wird auf etwa 100000 veranschlagt, wovon etwa 1850 Zeitschriften mit kurzen Inhaltsangaben (Abstracts) sind. In den Chemical Abstracts wurden 1969 etwa 200000 Titel erfaßt, etwa 95–97% aller in etwa 10000 Zeitschriften erschienenen chemischen Arbeiten.

In Anbetracht der gewaltigen Anzahl von Publikationen sind aus Kostengründen Sekundärinformationen für neue Büchereien von großer Bedeutung.

Außer den tabellarischen Zusammenstellungen der 94 wichtigsten geologischen Zeitschriften nach dem Jahrgang 1969 der Bibliography and Index of Geology, die 49% der zitierten Arbeiten enthielten, wurde noch die Verteilung der geologischen Publikationen des Jahres 1969 auf die 13 wichtigsten Sprachen (außer Chinesisch) erfaßt und das Erscheinungsjahr der 1969 referierten und angezeigten Arbeiten ermittelt.

Mit Anteilen von 4,8 und 3,9% (531 und 432 Arbeiten) standen zwei sowjetische Zeitschriften an der Spitze der Zeitschriften mit den meisten Arbeiten. Mit Anteilen zwischen 2,6 und 2,0 folgten 4 sowjetische, 3 nordamerikanische, 1 japanische, 1 französische und 1 holländische Zeitschriften. Mit 100 bis 216 Arbeiten (0,95–1,95%) wurden 12 Zeitschriften der UdSSR, 6 der USA, 3 Großbritanniens, 2 Japans und je 1 Belgiens, der DDR, Frankreichs, Rumäniens und Schwedens ermittelt.

In den Zeitschriften mit mehr als 50 geologischen Arbeiten erschienen nach der Bibliographie and Index of Geology 1969 insgesamt 27023 Aufsätze. Davon waren mehr als die Hälfte in Englisch geschrieben. Insgesamt ergab sich folgende Verteilung auf die 13 wichtigsten Sprachen (mit Ausnahme von Chinesisch):

Sprache	Zahl	%
Englisch	14080	52,1
Russisch	5798	21,5
Französisch	2394	8,9
Deutsch	1941	7,2
Japanisch	842	3,1
Spanisch	453	1,7
Italienisch	374	1,4
Portugiesisch	360	1,3
Rumänisch	265	1,0
Ukrainisch	180	0,7
Polnisch	167	0,6
Schwedisch	107	0,4
Norwegisch	62	0,1
Gesamt	27023	100,0

In Zeitschriften mit mehr als 15 Publikationen wurden nach der Bibliography and Index of Geology 1969 nach dem Erscheinungsjahr folgende geologischen Aufsätze erfaßt:

Jahr	Zahl	%
1965	19	0,1
1966	108	0,4
1967	6224	22,8
1968	14449	53,0
1969	6482	23,7
Gesamt	27282	100,0

H. Reh

Neuerscheinungen und Literaturhinweis

Kennedy, V. C., & D. L. Kouba

Fluorescent sand as a tracer of fluvial sediment

Washington: 1970. 13 S., 15 Lit. (Sediment transport in alluvial channels. E.) (Geol. Survey Profess. Pap. 562 – E.)

King, P. B.

The tectonics of North America — a discussion to accompany the tectonic map of North America, Scale 1:5000000

Washington: 1969. 95 S., 8 S. Lit. (Geol. Survey Profess. Pap. 628)

Kityk, W. I.

Die Salztektonik des Dnepr–Donez-Beckens

Kiew: Naukowa Dumka 1970. 200 S.

Kudrjawzew, G. A.

Geologie von Südostasien. Indochina

Leningrad: Nedra, Leningrad otd. 1969. 237 S., 8 S. Lit. (Trudy NIL-Sarubeshgeologija. 19)

Lapuk, B. B., u. a.

Die komplexe Lösung des Problems des Abbaus der Gruppe der Gas- und Gaskondensatlagerstätten

Moskau: Verlag Nedra 1970. 287 S.

Lauf, G. B.

Gyroscopic surveying

Golden Colorado: Colorado School of Mines 1970. 54 S., 16 Lit. (Quarterly Col. School of Mines. Vol. 65, No. 2)

Lustig, L. K.

Trend-surface analysis of the Basin and Range province and some geomorphic implications

Washington: 1969. 70 S., 2 S. Lit. (Geol. Survey Profess. Pap. 500–D.) (Theoretical papers in the hydrologic and geomorphic sciences. D.)

Nelson, A., & K. D. Nelson

Dictionary of applied geology (Mining and Civil Engineering)

Amsterdam: Elsevier Verlag 1967. 421 S.

Matwejew, A. K.

Die Kohlenlagerstätten des Auslands

Moskau: Verlag Nedra
1. Europa, Asien 1966. 459 S., 1 Kt., 2 S. Lit.
2. Afrika, 1969. 127 S., 1 Kt., 1 S. Lit.

Pinder, G. F.

A digital model for aquifer evaluation

Washington: 1970. 18 S. (Automated data processing and computations. Chapter C 1.)

Schibrawa, W.

Quaternary in Czechoslovakia (History of investigations between 1919–1969)

Praha: Verlag Academia 1969. 149 S., 12 Tab., 1 Taf.

...

Sowjetische Antarktisexpedition. Antarktisatlas

Leningrad: Verlag Gidrometeorolog. 1969. 597 S., getr. Lit.

...

Technik — Wörterbuch. Spektroskopie, Spektralanalyse. Englisch — deutsch — français — rusky — español — česky — polski — magyar

Berlin: Verl. Technik. 1970. 313 S.

Trunkó, L.

Geologie von Ungarn (Beiträge z. regionalen Geologie der Erde, Bd. 8)

Stuttgart, Berlin: Verlag Borntraeger 1969. 257 S., 99 Abb., 8 Tab., 55 Fotos auf Kunstdr., 16 S. Lit.

Informationen

Aus der Erdölwirtschaft der UdSSR

Das hohe Wachstum der Erdölförderung in der UdSSR soll auch in den kommenden Jahren beibehalten werden. Der Plan sieht für 1975 ein Volumen von 450 Mill. t gegenüber 326 Mill. t im Jahre 1969 vor. Die Erdgasgewinnung wird sich in dieser Zeit auf 300 Mrd. m^3 steigern, was einem Zuwachs gegenüber 1969 von 75% entspricht.

Usenj, die bisher größte Erdöllagerstätte auf der Halbinsel Mangyschlak, ist eine asymmetrische Antiklinale mit einer Erstreckung von 40 · 10 km. Die Südflanke fällt mit 6 bis 8° ein, die Nordflanke mit 3 bis 4°. Bisher wurden insgesamt sechs produktive Horizonte festgestellt, deren Gesamtmächtigkeit zwischen 5 m und 84 m schwankt. Die Speicher sind Gesteine des Mittleren und Oberen Juras. Die Lagerstätten liegen in Teufen zwischen 1200 und 1600 m. Die Vorräte werden auf 20 Mill. t geschätzt. Die Förderung erfolgt unter gleichzeitigem Wasserfluten.

Über das Gas der großen Erdgaslagerstätte von Urengoj, im Bereich des Erdölbezirks von Tjumen, liegen einige Einzelheiten vor. Die produktiven Schichten haben eine durchschnittliche Mächtigkeit von 45 m. Die bestätigten Vorräte werden mit 2300 Mrd. m^3 angegeben. Die Zusammensetzung des Erdgases ist folgende: 97,5 bis 99% Methan, 0,1 bis 1,0% Äthan, 0,1 bis 0,4% CO_2, 0,2 bis 1,3% N_2. Die Förderung je Sonde soll 5 bis 9 Mill. m^3/d betragen.

Welterdölvorräte

Nach einer Statistik, die die BP aufstellte und veröffentlichte, betrugen zu Ende des Jahres 1969 die Erdölvorräte der Welt 73,2 Mrd. t, während sie Ende 1959 nur 40 Mrd. t betragen hatten. Da die Förderung von 1960 bis 1969 15,5 Mrd. t ausmachte, wurden in der gleichen Zeit 57,7 Mrd. t Erdöl sowohl durch neue Funde als auch durch Verbesserung der Fördermethoden nachgewiesen. Nachstehende Tabelle veranschaulicht die Entwicklung im einzelnen.

	Ende 1959	Ende 1968	Ende 1969	Weltanteil 1969/(%)
1. Naher Osten	24,4	36,8	45,4	62,0
2. Sozialist. Staaten	4,1	7,6	8,2	11,2
3. Afrika	1,0	5,9	7,2	9,8
4. USA	5,0	5,0	4,8	6,6
5. Karibischer Raum	2,7	2,6	2,4	3,3
6. Restl. Amerika	0,8	1,5	1,7	2,3
7. Kanada	0,5	1,3	1,4	1,9
8. Westeuropa	0,2	0,4	0,3	0,5
9. Andere Länder	1,3	1,8	1,8	2,4
Gesamt	40,0	62,9	73,2	100,0

Erstes Erdgaskraftwerk der Welt

Das erste mit verflüssigtem Erdgas befeuerte Wärmekraftwerk der Welt hat vor kurzem in Yokohama mit einer Leistung von 350 MW den Betrieb aufgenommen.

Bei der neuen Anlage ist eine Umweltverschmutzung ausgeschlossen, da das verwendete Erdgas bei minus 161 °C verflüssigt wird, wobei alle verunreinigenden Stoffe entfernt werden.

Eisenerzbergbau in Frankreich

Der Abbau von Eisenerz im lothringischen Revier hat sich im Laufe der letzten Jahre günstig entwickelt. 1966 betrug die Produktion 51,7 Mill. t Eisenerz. Bei 15500 Beschäftigten in diesem Industriezweig betrug die Gewinnung 59 t/MS und die Gesamtleistung 18,85 t/MS.

Die Gesamtförderung läßt folgende Steigerung erkennen:

Jahr	Förderung in Mill. t/a
1913	41
1919	8
1929	48
1933	26
1938	31
1950	28
1966	51,7
1969	54

Erdgasentwicklung in der EWG

Nachstehende Statistik (PPS) unterstreicht die wachsende Bedeutung, die in den Ländern des EWG-Bereichs der Entwicklung der Erdgasindustrie zukommt.

Land	Förderung 1969	Förderung 1970
Westdeutschland	8,1	9,4
Frankreich	6,4	6,9
Italien	11,5	11,7
Niederlande	21,4	28,1
Belgien	–	–
Gesamt	47,4	56,1

Kupferproduktion Chiles

Chile hat bezüglich seiner Kupferproduktion sehr ehrgeizige Pläne. Es wird in absehbarer Zeit der Welt größter Kupferexporteur sein und in der Produktionsstatistik an zweiter Stelle hinter den USA rangieren. Derzeit nimmt es den vierten Platz hinter den USA, der UdSSR und Sambia ein.

Die Kupferproduktion Chiles betrug 1958 bereits 464500 t. Sie steigerte sich bis 1969 auf 700000 t. 1970 wurden ca. 865900 t erreicht, und 1971 sollen 1183600 t gefördert werden. Allein das Ende Juli 1970 in der Provinz Aconcagua neueröffnete Bergwerk von Rio Blanco wird 1971 225000 t Feinkupfer produzieren. Die in 2800 m Höhe gelegene „Mine el Teniente" hat nach der Inbetriebnahme eines neuen Komplexes im August 1970 ihre Jahresproduktion von 180000 auf 280000 t erhöhen können.

Die Gesamtvorräte des Landes an Kupfer belaufen sich nach neuesten Berechnungen und Schätzungen auf mindestens 37 Mill. t erkundete, 14 Mill. t erschlossene und 41 Mill. t vermutete Reserven. Die Vorräte der neuen Mine „Rio Blanco" werden mit 120 Mill. t ausgewiesen.

Kupfererzbergbau in Mexiko

Die Kupfererzlagerstätte Esperanza bei San Lorenzo Albarradas im Staate Oaxaca liegt geologisch am Kontakt zwischen Andesit und Kreidekalk. Die bauwürdigen Mineralien sind: Kupferkies, Bornit und Bleiglanz mit Silber. Die ungleich stark vererzte Zone erstreckt sich über ca. 1,5 km. Die Vorräte werden auf 100000 t Erz mit folgenden Gehalten geschätzt: 2,3% Cu, 5% Pb und 230 g/t Ag.

Die Kupfererzlagerstätte Cobre Grande im Staat Oaxaca ist an zwei Kontaktzonen gebunden, die sich über eine Länge von je 800 m erstrecken. Das Erz tritt in taschen-, linsen- und bänderartigen Konzentrationen auf. Die dortigen Vorräte werden mit rund 1 Mill. t Erz zu 2,5% Cu angegeben. Die gegenwärtige Kupferproduktion beträgt 25 t pro Monat.

Erzbergbau in Finnland

Die Grube Vuonos bei Outokumpu wird ab 1971 1,8 Mill. t Erz fördern. Davon entfallen 1,5 Mill t/a auf Nickelerz und 300000 t/a auf Kupfererz. Die im Tagebau der Grube gewinnbaren Erzvorräte werden auf 10 Mill. t, in einem anderen Tagebau auf weitere 5 Mill. t Nickelerze geschätzt. Für den Tiefbau sind 5 Mill. t Nickelerze abbaufähig. Weitere Nickelerze geringerer Gehalte mit weiteren 14 Mill. t Vorräten sollen vorhanden sein, so daß die Gesamtvorräte auf über 30 Mill. t geschätzt werden.

Nachstehende Tabelle zeigt die NE-Metallproduktion von Outokumpu:

Konzentrate in t	1969	1968
Kupfer	133769	137259
Schwefelkies	717109	712988
Schwefelkies aus Abgängen	81522	55977
Zink	132436	120257
Blei	7884	8219
Nickel	71095	52028
Chrom	71326	36196
Seltene Erden	10117	12152

Ständiger Massezuwachs der Erde?

Wie aus der sowjetischen Zeitschrift „Priroda" (Nr. 2, 1970) hervorgeht, konnten die sowjetischen Geologen L. S. SMIRNOWA und JU. N. LJUBINA vom Unions-Forschungsinstitut für Erdölerkundung (Leningrad) feststellen, daß bei Sedimenten die Größe des Neigungswinkels der Ebenen von Sandbänken bedeutend über der des natürlichen Böschungswinkels für lockere Sande im Wassermilieu liegt. Nach Bearbeitung einiger tausend Messungen (eigene Messungen und Angaben aus der Literatur) in Sedimenten verschiedenen Alters (von rezenten bis zu Sedimenten des Präkambriums) stellten sie fest, daß eine deutliche Tendenz zur Zunahme des Neigungswinkels der Ebenen von Sandböschungen sowohl in Flüssen als auch an den Meeresküsten zu beobachten ist.

Nach Ansicht der Wissenschaftler ist einer der Gründe für den zu beobachtenden Effekt in der zunehmenden Beschleunigung der Schwerkraft (g) im Laufe der Zeit zu suchen. Die experimentellen Angaben berechtigen zu der Annahme, daß sich g seit dem Proterozoikum bis in unsere Zeit um ein Vielfaches erhöht hat. Eine solche Erhöhung kann mit dem Massezuwachs der Erde zusammenhängen, der den Zuwachs durch ausfallende kosmische Stoffe übersteigt. Die Herkunft dieser Masse ist jedoch unbekannt.

Bohrungen bis 15000 m Teufe werden möglich

Sowjetische Techniker haben eine neue Bohranlage entwickelt, mit der Bohrungen bis zu einer Teufe von 15000 m niedergebracht werden können. Der Bohrturm ist 68 m hoch. Die Anlage umfaßt ein eigenes Elektrizitätswerk mit einer Leistung von rund 10000 kW, eine Maschinenhalle und ein Gebäude für die Pumpen. Vier leistungsstarke Pumpen werden mit einer Spülung das Bohrklein zutage fördern. Mit Hilfe dieser Mammutanlage wird es möglich sein, den oberen Erdmantel zu erreichen. Die erste Bohrung dieser Art soll in Aserbaidshan, die zweite auf der Halbinsel Kola angesetzt werden.

Erschließung der Erdwärme

Angesichts des schnell wachsenden Energiebedarfs in vielen Ländern der Welt fällt dem Problem der Nutzung der Erdwärme erhöhte Bedeutung zu. Eine Expertengruppe der UNESCO hat bisher in 19 Ländern der Welt Projekte zur Nutzbarmachung dieses natürlichen Energieträgers angeregt, aufgestellt und begutachtet. Weitere Entwicklungsarbeiten auf diesem Gebiet liegen in Chile, El Salvador und der Türkei. Geothermische Kraftwerke sind bereits in der UdSSR, Italien, Neuseeland und den USA in Betrieb.

Kurznachrichten

Die **Pipeline Mangyschlak–Wolga**, mit einer Entfernung über 1380 km, ist fertiggestellt und bereits abschnittsweise in Betrieb. Das durch starken Paraffin- und Teergehalt hochviskose Erdöl muß dabei auf 65°C erwärmt werden.

Die **tiefste fündige Erdölsonde der Welt** liegt in Oklahoma (USA). Die Bohrung erreichte nach 450 Bohrtagen die Teufe von 7336 m. Tiefste Bohrung der Welt ist nach wie vor die University EE-1 in Westtexas mit 7723,6 m. Sie ist nicht fündig.

In der Tundra von **Bolschaja Semlja** entsteht auf Steinkohlenbasis ein **Bergwerkskombinat**, das ab 1973 seinen Betrieb aufnehmen wird. Es sollen dann täglich 20000 t Kokskohle gewonnen werden.

In der **Weltkobaltgewinnung** liegen hinter Kongo (Kinshasa) Marokko und Sambia auf den nächsten Stellen. Kanada nimmt mit etwa 2000 t den vierten Platz in der Weltrangliste ein.

In der Weltförderung von **Kobalt** steht **Kongo (Kinshasa)** an der Spitze. Von annähernd 18000 t Kobalt, die derzeit in der Welt gefördert werden (ohne sozialistische Länder), entfallen allein auf Kongo (Kinshasa) annähernd 11000 t.

Die **Nickellagerstätte** von Razanovo in der **SFR Jugoslawien** weist Vorräte über 45,8 Mill. t Erz auf. Es enthält 1,036% Ni, 30% Fe, 0,06% Co und 1,55% Ca. Die vorgesehene Nickelhütte bei Kavadarci ist für eine Produktion von 50000 t/a angelegt.

In der Region Prieska **(Kap-Provinz, Südafrika)** wurde eine bedeutsame **Kupfer-Zink-Lagerstätte** entdeckt. Sie liegt etwa 200 km südwestlich von Kimberley. Die Vorräte belaufen sich auf ca. 30 Mill. t Erz. Weitere Einzelheiten stehen noch aus.

Die reichsten **Nickellagerstätten Australiens** liegen im SW des Landes. Die Gesamtvorräte der Lagerstätte Cambolda (Ost- und Nordcambolda) betragen 9,3 Mill. t mit einem Ni-Gehalt von 3,8%.

Die Gesamtvorräte **Griechenlands an Bauxit** werden nach neuesten Schätzungen mit 60 Mill. t angegeben. Die Aluminiumproduktion der Aluminium de Grèce wird sich nach entsprechenden Umbauten in Kürze auf 1 Mill. t/a belaufen.

Ab 1972 wird in **Guinea** die dort entdeckte **Bauxitlagerstätte** von Boké abgebaut werden. Man rechnet mit einer Anfangsproduktion von 9 Mill. t. Bis 1974/75 soll eine Steigerung der Jahresproduktion auf 15 Mill. t erreicht werden.

Ein ZrO_2-haltiges Material ist jetzt in den **USA** zu einem **feuerfesten Faserstoff** zur Wärmedämmung bis zu Temperaturen von 2500°C entwickelt worden. Er bewährte sich bereits sehr gut bei Langzeitbeanspruchungen von 1800°C.

Die **Ungarische VR** besitzt die reichsten **Kohlensäurelagerstätten** Europas bei Repcelak und Mihalyi. Der CO_2-Gehalt beträgt mehr als 95%. Ab 1973 wird allein in Repcelak mit einer Produktion von 80000 bis 90000 t Kohlensäure pro Jahr gerechnet.

Im Zuge der volkswirtschaftlichen Planung wird die Produktionsbasis für **Zement** in der **DDR** auch in den kommenden Jahren wesentlich erweitert. Hervorzuheben ist hier der Bau eines neuen großen Werkes in Deuna (Eichsfeld) mit vier kompletten Produktionslinien.

Ein **Lasergerät** zur Untersuchung der mechanischen Eigenschaften verschiedener Gesteine ist von sowjetischen Wissenschaftlern entwickelt worden. Mit diesem Gerät können Gesteine unter superhohen Drücken und Temperaturen analysiert werden.

In **Moskau** ist ein Institut für **experimentelle Mineralogie** eingerichtet worden. Die dort vorgesehenen Arbeiten sollen dazu beitragen, eine exakte Vorstellung von den im Erdmantel ablaufenden Prozessen zu vermitteln. Dabei spielen auch praktische Fragen der Erzbildung und der Migration unter extremen Bedingungen eine Rolle.

Die **Atomenergiekommission** in **Wien** teilte mit, daß Ende 1969 in 47 Ländern der Welt 367 Forschungsreaktoren in Betrieb waren. Außerdem gibt es 345 Leistungsreaktoren (Kernkraftwerke), die bereits arbeiten, gebaut werden oder geplant sind.

In den nächsten Heften

der

Zeitschrift für angewandte Geologie

erscheinen u. a. folgende Beiträge

U. Peschel & G. Olszak: Entwurf einer allgemeinen Theorie der Interpretation geophysikalischer Untersuchungen

G. Peschel: Beiträge zur Interpretationsmethodik in den geologischen Wissenschaften

F. Stammberger: Existiert eine Bergwerksrente in der sozialistischen Wirtschaft?

F. Häfner & H. D. Voigt: Die Anwendung des Superpositionsverfahrens beim Test von Erdgassonden

U. Schirrmeister: Zur Feinstratigraphie des Grauen Salztons und seiner Übergänge im Nordteil der DDR
Korrelation von T3-Profilen aus verschiedenen Gebieten der DDR, Nordwestdeutschlands und der nördlichen VR Polen

D. Rau: Bedeutung und Auswertung quartärgeologischer Kartierung in Thüringen für die praktische Bodennutzung

A. W. Sidorenko: Die Geologie und der wissenschaftliche Fortschritt

G. Twaltschrelidse: Über die wichtigsten metallogenetischen Epochen der Erde

W. Fischer, I. Maass, G. Schlungbaum & E. Sontag: $^{12}C/^{13}C$-Verhältnis und chemische Zusammensetzung von Nyliten

K. Groth: Geschiebestatistische Auszählergebnisse aus Bohrproben Nordostmecklenburgs

W. Meincke: Möglichkeiten der Speicherung von verflüssigtem Erdgas

G. Tzschorn & P. Straach: Klassifizierung geologischer Objekte nach mehreren Merkmalen auf der Grundlage eines multivariablen statistischen Homogenitätstestes

W. Kusnezow: Eine Methodik für die Aussonderung fossiler Riffe

L. Lewin: Über das gefaltete Fundament und die Struktur der Nord- und Ostseesenke

A. W. Sidorenko: Geomorphologie und Volkswirtschaft
Fragen der praktischen Geomorphologie

Herausgeber: Zentrales Geologisches Institut im Auftrag des Staatssekretariats für Geologie beim Ministerrat der Deutschen Demokratischen Republik. Für die kollektive Chefredaktion: Dr. K. Kauter (Redaktionssekretär), Berlin. Redaktion: 1054 Berlin, Zionskirchstraße 34 (Fernsprecher 426001). Verlag: Akademie-Verlag GmbH, 108 Berlin, Leipziger Straße 3–4 (Fernsprecher 220441, Telex 0112020, Postscheckkonto: Berlin 35021). Bestellnummer des Heftes 1047/17/5. Alleinige Anzeigenannahme DEWAG-WERBUNG, 102 Berlin, Rosenthaler Str. 28–31, und alle DEWAG-Betriebe in den Bezirksstädten der DDR. Exportpreis: M 6,—, Sonderpreis für die DDR: M 2,— je Heft. — Satz und Druck: VEB Druckhaus „Maxim Gorki", 74 Altenburg. Veröffentlicht unter der Lizenznummer 1279 des Presseamtes beim Vorsitzenden des Ministerrates der Deutschen Demokratischen Republik, Kartengenehmigung Nr. 38/71.

34114

Bei Fragen zur Produktsicherheit wenden Sie sich bitte an:
If you have any questions regarding product safety,
please contact:

Walter de Gruyter GmbH
Genthiner Straße 13
10785 Berlin
productsafety@degruyterbrill.com